U0181893

张宏伟 / 著

全景式数学教育

一样的数学，不一样的教学

教育科学出版社
·北京·

出版人 李 东
责任编辑 郑 莉
内文设计 许 扬
责任校对 贾静芳
责任印制 叶小峰

图书在版编目（CIP）数据

全景式数学教育：一样的数学，不一样的教学／张
宏伟著 . —北京：教育科学出版社，2021.10（2024.4 重印）
ISBN 978 - 7 - 5191 - 2684 - 1

Ⅰ .① 全… Ⅱ .① 张… Ⅲ .① 数学教学 Ⅳ .① O1

中国版本图书馆 CIP 数据核字（2021）第 161221 号

全景式数学教育：一样的数学，不一样的教学
QUANJING SHI SHUXUE JIAOYU: YIYANG DE SHUXUE, BU YIYANG DE JIAOXUE

出 版 发 行	教育科学出版社			
社 址	北京·朝阳区安慧北里安园甲 9 号	邮 编	100101	
总编室电话	010 - 64981290	编辑部电话	010 - 64981151	
出版部电话	010 - 64989487	市场部电话	010 - 64989009	
传 真	010 - 64891796	网 址	http://www.esph.com.cn	
经 销	各地新华书店			
印 刷	运河（唐山）印务有限公司			
开 本	720 毫米 × 1020 毫米 1/16	版 次	2021 年 10 月第 1 版	
印 张	15.5	印 次	2024 年 4 月第 5 次印刷	
字 数	230 千	定 价	68.00 元	

推荐序

让学生的数学生涯更加美好

/ 刘　坚

观摩了张宏伟老师的几节数学课，品读了张老师发来的书稿，又查阅了网上全景式数学教育的资讯，顿觉"有朋自远方来"，我被深深地感染了。

在这样的学习中，我看见了学生的学习热情被火热的数学点燃。

1989 年我就提出，数学与科学技术前沿、数学与经济社会发展、数学与学生日常生活等领域有着千丝万缕的联系。这种"火热的"数学应该融入教材，进入课程，走进课堂，成为学生数学学习的土壤。后来《全日制义务教育数学课程标准（实验稿）》的基本理念也是如此："学生的数学学习内容应当是现实的、有意义的、富有挑战性的。"

我欣慰地看到这个理念在张老师的教学中得到了充分贯彻和落实：舌尖上的分数、杠杆中的乘法、现场的统计、和音中的比例、沙道上"压路机"压出的面积、在班级里开超市认识人民币……，扑面而来的是数学的火热。在这样活生生的、有温度的，甚至是火热的现实数学场景中，被点燃的是学生对数学、对学习的热情。

在这样的学习中，我看见了更全面的数学课程和更丰富的学习过程。

我一直在讲，初等数学的几乎所有内容都能在儿童的现实生活中找到原始生长点。原始生长点可以让数学变得更加通俗化、生活化，让儿童利用生活经验去发现数学，研究数学。

张老师的全景式数学教育特别强调儿童学习的浪漫特征，更注重让儿童自己去发现、去体验丰富的数学原始生长点，通过长线浸润，充分积累和保护相应的心理、情感和经验……，把一个个鲜活的浪漫知觉活动全部纳入课程和学习过程，还原了学生数学学习的丰富性、多样性，让儿童阶段的数学课程体验有一个更加完整的样貌。

如果说最近 20 年我国小学数学教育有什么重要突破，最主要的就是教育工作者儿童意识的觉醒，大家普遍开始关注学生的学习体验；如果说迄今为止我国的小学数学教育还存在什么亟待突破的瓶颈，我想最大的问题依然是，没有充分尊重儿童阶段尤其是小学生发展的浪漫属性。这个问题不仅存在于学校管理者、教师之中，在家长、社会大众和教育政策制定者中也普遍存在。

也正因为如此，张老师的探索更显得珍贵和重要。

不仅如此，张老师的数学活动，更充分地体现了学生的数学思考过程。全景式数学教育的课程设计更加注重思维的触发，激发学生学会自己找到那扇门，使学生的思维过程更加完整。比如，关于圆锥的体积教学，教材大都是直接提供一对等底等高的圆柱和圆锥形容器，让学生去比较，去操作，去推导。张老师认为，这是证明，不是发现！他把重点放在怎么让学生自己一步步想到用等底等高的圆柱去研究，即让学生自己琢磨和经历人类基本的认知规律是用已知探索未知。要研究圆锥的体积→学过长方体、正方体、圆柱体的体积→选哪个做参考？为什么？→选圆柱，因为它与圆锥相似（相同）点多→呈现各种不同的圆柱→选哪个做参考？为什么？……让学生学会思考"思考"，让学生的思考过程变得完整。这样的设计非常重要，有助于学生逐渐学会原创性的思考和提高独立解决问题的能力。从这个意义上来说，全景式数学是更好地培养学生创新力和思考力的课程和教学。

在这样的学习中，整体实现"三维"目标成为现实，学生学习数学的幸福和快乐跃然纸上。

关于数学教学，我一再强调，数学的"三维"目标，不是三个部分，而是一个整体，任何一个维度归零了，整体就归零了。好的教学一定是能够结合教学内容，有机地实现知识与技能、过程与方法、情感态度与价值观的一体化，也就是数学素养养成的教育。

全景式数学教育的这些活动案例，都可以让学生体验过程和方法。我们从中能真切地感受到他们丰沛的情感，感受到他们学习数学的快乐、自信和幸福——课堂充满游戏、活动，贴近真实生活，体现了自由与个性、尊重与合作、愉悦与沉思……。这是我观摩张老师几节课时最强烈的感受。

比如，张老师的"指尖上的数学——让二年级学生玩转拓扑"一课，学生在猜、剪和玩的过程中，不仅拓展了数学视野，还学会了如何进行数学猜想，这极大地调动和激发了学生对数学、对学习的热情、兴趣和好奇心。这节课开始之前那个说"数学有点儿无聊"的学生，在上过这一堂课后意犹未尽地感慨："数学真神奇，希望再多上几节！"这展现了全景式数学教育不一样的魅力。学生在"另类的小数的意义"一课上，在中西方小数文化中穿行，不仅对小数的意义认识得更全面、更完整、更深刻，还学会了研究概念的过程和方法，丰富了对数学、对学习的认识，涵养了性灵。这节课结尾一个学生做总结时这样感慨："上您这节课之前，我认为书本涵盖一切，现在我认为书本不能涵盖一切。"张老师在现场很感动，看到这个片段的时候，我也被深深感动了。

在这样的学习中，我看见了更多学生独立思考与合作，见识了一个个有思想的生命主体。

儿童成长的本质是身心趋向独立的过程。张老师在课堂上，不仅仅让数学情境、数学活动都尽可能和学生的生命发生直接连接，让数学学习成为学生自己身心发展的迫切需要，把数学学习从"老师安排的事儿"转变成"我的事儿"，甚至是"本能的事儿"。更重要的是经过充分的浪漫体验、问题梳理，他把学生真正需要在课堂上共同解决的问题淘了出来，让课堂真正成为以学生为主体的学习场，成为真正的学生解决自己问题的地方，成为帮助学生深化思考、学会创新、提升思维品质、提炼思想方法的课堂。这样的学习能在更大程度上激发、尊重学生的独立思考。

在书中的"'比较'畅想"一课上，学生仅就怎么比木块和山楂片，就想出了20多个比较维度，让我备感惊异，更备感欣慰！另在"'分''毫'争霸：在疯狂的挑战中学分米和毫米"等课例中，无不闪烁着学生独立思考的光芒。如果每一门课、每一堂课，教师都能像张老师这样，引导学生面对一些核心问题，在独立思考的基础上相互协商、讨论、交流、启发，去寻求解决问题的方法，那久而久之，这就会成为一种民族性格。

在这样的学习中，我看见了促进学生全面、健康成长的数学教育。

我在1993年出版的《21世纪中国数学教育展望1》一书中提出，希望建立"旨在促进每一个学生健康成长的数学教育"。张老师带领他的团队"不仅论道，更起而行之，并持之以恒"，围绕"用数学滋养人"这个核心目标，在数学活动的内容、结构、方式、目标和评价等方面都做了富有成效的创新性探索。他们创设了浪漫阶段的"浪漫体验""主体先构""问题梳理"和"未学先测"（本书暂未讨论）四种数学学习活动，重新定义了"新探学习活动"和"时习学习活动"的内涵和意义，同时提供了典型的实操范式；把"捍卫孩子对数学、对学习、对世界的兴趣、信心和好奇心，让孩子真切地感到学习数学是幸福的，作为第一要务"；把数学学习内容更多地建设成了跨领域的项目课程，让孩子在好玩的项目活动中学习必需的数学，学习自己的数学，学习鲜活的数学；创设了更为丰富的定制化学习方式；为孩子营造了真正尊重、自由、自主的数学学习人文环境；努力在数学的每一项、每一次教育活动中都至少兼顾四点：心性、身体、生活和学科。这样的数学教育的确可以更好地促进孩子全面、健康地成长，是一种更为全面、完整和健康的数学教育。

这样的学习，这样的数学教育，让我们看见了更多的美好，看见了更多的生命滋养，看见了更多的希望……

小学数学是健全公民社会和人类美好未来的重要建设力量。让我们共同努力！

（作者系北京师范大学中国教育创新研究院院长、国家督学，中国基础教育质量监测协同创新中心首席专家）

CONTENTS
目录

中篇 精确学习

| 下篇 综合学习 |

前　言

"数学是什么？"

"你上小学时，数学留给你的印象是什么？"

针对这两个问题，我访问过近千名学生、数百位成年人（多数为教师）。

对第一个问题，多数人的回答是：数学是数，是计算，是图形，是法则，是公式，是题……

对第二个问题，多数人的回答是：对数学的印象是做题、做题、做题，干巴巴的，枯燥，没意思，准确，严密，抽象，不好懂，难学，害怕……

面对这样的结果，我内心是很沉重的，很难过的。我在想：我们有多少孩子从小学开始就惧怕数学，厌恶数学，认为自己不适合学习数学？我们有多少孩子因为厌恶数学而厌恶学习，甚至厌恶上学？我想，这是每一位老师，甚至是每一个人都不愿意看到的！

小学阶段是给数学打底子的阶段。孩子对数学的第一印象，决定着他对数学甚至对学习的认识、态度和情感。我们怎样才能改变数学学习的这种状况，建设更理想的数学教育生态，为孩子营造一种不一样的数学学习氛围，让孩子的数学情绪、数学情感得到充分滋养，让数学活动成为养智、养身、更养心的活动，让数学学科也成为滋养孩子心灵的学科呢？

为此，全景式数学教育团队在数学活动价值取向、课程建设和学习方式等方面进行了长期的尝试和探索。

我们努力厘清小学数学到底姓什么的问题。

我们认为，在基础性、普及性和发展性的小学阶段，数学课、数学活动表面上看姓数、姓知、姓思、姓智……，但归根到底还是姓人。因为教育首先是培养人，其次才是培养人才。我们绝对不能牺牲孩子的休息时间、兴趣、信心、自由和尊严去帮他补数学，强迫他学好数学——除非他心甘情愿，或者引导他做到心甘情愿。

在教书育人这个核心目标中，我们把捍卫孩子对数学、对学习、对世界的兴趣、信心和好奇心，让孩子真切地感到学习数学是幸福的，作为第一要务。

积极的态度、良好的情感和健康的心理，比知识技能、思考能力和问题解决能力更重要。大到整个数学教育，小到每一次数学活动，只有让学生的数学情绪、数学情感、数学心理和数学能力都得到健康发展的学习，才是健康的学习，才是完整的学习、幸福的学习。

我们在落实课程标准时，要把积极健康的情感、态度、价值观目标放在第一位。无论是编制课程、实施教学，还是进行考查评价，都要尽可能培养学生对数学的兴趣和好奇心，尽可能增强学生学好数学的信心，尽可能激发学生学习数学的自觉、激情和愿望，努力让数学学习成为孩子童年生活中一件幸福的事。

我们坚持努力做好以下五件事情。

一是尽可能让设置的数学情境、数学活动与孩子的生命发生直接连接，设法让学习融入孩子更多的欲望和本能，让数学学习成为孩子自己身心发展的迫切需要，把数学学习从"老师安排的事儿"转变成"我的事儿"，甚至是"本能的事儿"。

比如，我们把三年级的"分数的初步认识"重新编排成"舌尖上的分数"，让学生在吃药、吃蛋糕、喝果汁等真实的生活和身体需要中学习和认识分数。其中一个活动片段非常有意思，能给老师设计课程和实施教学带来一些启迪。在吃了蛋糕后，老师给每个小组（5人）发了一杯橙汁，并问："你们打算怎么分？"全体学生出奇一致、异口同声、异常坚定地说："平均分啊！"看见没，没有人愿意少喝一口，这是人性啊！这里的"平均分"，不是老师要求的，而是每个学生发自内心的需求。他们自觉地把 5 个小杯子放在一起，分来分去，直到每个杯子中橙汁的高度一样（平均分了）才罢手。他们解释了为什么每人喝的占 $\frac{1}{5}$ 后，一起为 $\frac{1}{5}$ 干杯。这个学习活动就把数学装进了学生的"饿胃饥肠"，化成了他们身体和心理共需的欲望，使得他们在学习过程中如饥似渴，欲罢不能。

二是尽可能把数学建设成跨领域的项目课程，让学生亲身经历，亲眼见证数学的价值、数学的威力、数学的神奇、数学的美丽……

全景式数学教育致力于建设跨领域融合性的数学课程，并努力使其实现常态化。目前，我们探索出了实现常态融合课程的七大路径，初步完成了小学六年的系统架构，仅科学与数学两个科目，我们就已设计了 43 个融合课程。这些跨领域的融合课程把数学还原到鲜活的、具体的、真实的、与孩子生命发生直接连接的事件中，让孩子在好玩的项目活动中学习必需的数学，学习自己的数学，学习鲜活的数学，学习神奇的数学。

我们让学生在玩杠杆中学习乘法口诀。学生发现，只要找到"积相等的特征"，就能快速使杠杆平衡。比如，三八是二十四，在杠杆左边刻度 8 的位置上挂 3 个砝码；四六也是二十四，在杠杆右边刻度 6 的位置上挂 4 个砝码，杠杆一定平衡。他们不断地做实验，屡试不爽，大呼神奇。这个活动表面上是研究科学，实际是在研究数学，并让学生认识到数学在科学中的独特价值。

在学习分数时，我们实现了多科联动，把语文、音乐、美术和英语都融合进来。比如，美术课学习画人体简笔画，画胎儿要让头部占全身的 $\frac{1}{2}$，而画成人要让头部占全身的 $\frac{1}{2}$ 就成了笑话，因为成人的头部约占全身的 $\frac{1}{7}$；音乐课，我们通过听、弹、唱、击打、手舞足蹈等，认识、表现二分音符、四分音符……。这些都是在解决真实的问题中学习真实的数学——鲜活，生动，丰富，有趣。这能很好地丰沛学生的学习情感，拓宽学生的视野，让学生从不同领域，以不同方式，多维度、全景式、完整地学习和认识分数，让分数的本质，特别是数学学习的价值和意义更加凸显。我们帮助学生建立了更深刻、更丰富、更高级的数学学习情感，让学生对知识的理解得到深化和巩固，更让学生的心灵得到充分滋养和润泽。

在本书"'克与千克'的浪漫学习""'网住'复式条形统计图""人是万物的尺度：认识长度单位""不一样的测量"等学习活动中，我们都可以看见跨领域、跨学科的融合课程。

三是补上了数学课程和教学的浪漫阶段。

人的智力的整体发展和对局部知识的学习均要经过"浪漫→精确→综合"三个阶段。"浪漫阶段"是学习必须经历的第一个阶段，是孩子直接认识事物并开始领悟事理的阶段。在这一阶段，儿童主要通过大量参与的方式，直接观察、接触、经历、感受和认知事实，断续、模糊、零碎又整体地体验和认识事物。其间，他们不受任何"既成的成人所谓的知识"的限制。他们要研究的这个知识世界，包含种种未经探索的可能的联系。这就为未来的精致化学习积累了大量、丰富、完整、零散而又有无限联系可能的实际体验，从而引发兴趣，激发情感体悟，产生各种纷繁而活跃的想法。而这一切都是随后在精确阶段掌握精确知识的基础。

当下的小学数学教材编排的大多数课程是精确课程和综合课程。学校的数学学习通常是直接从精确阶段开启的。课堂教学常常过度强调，有时甚至全部聚焦在数学的精确学习和综合学习上，忽视甚至缺失了浪漫阶段的课程和教学设计。怀特海强调，浪漫阶段的积累不充分、不丰富、不完整，将为精致化学习带来障碍和苦难。数学浪漫课程设计上的不足甚至缺失，致使学生在精确学习之前的浪漫体验、直接感知很不充分、不完整。这是造成很多学生学习数学困难，不能完整、深入地认识数学、理解数学的重要原因。

全景式数学教育的"浪漫课程"是设置在学生精确学习数学之前的准备性、整体性、体验性课程。也就是在课堂上精确学习数学之前，儿童有意识、有规划、有目的地在生动的生活世界、新奇的大自然中，大量、自主、直接地参与到与要学习的数学内容高度相关的日常生活、社会生活以及自然现象和其他学科学习中。

全景式数学教育把课前、校外的浪漫知觉活动全部纳入课程和教学设计范围，同时构建浪漫阶段、精确阶段和综合阶段三个阶段的"大课程"。与这三个阶段相对应，本书也分为"浪漫学习""精确学习""综合学习"三大部分。"浪漫学习"设置了"浪漫体验""主体先构""问题梳理"和"未学先测"四种学习活动，本书主要界定了前三种学习活动的内涵、意义，并提供了可供老师们学习、借鉴的实操案例。"精确学习"和"综合学习"分别重新定义了"新探学习活动"和"时习学习活动"的内涵、意义，同时也提供了典型的实操范式及案例。

对浪漫阶段的学习，全景式数学教育针对每一项知识的学习都千方百计地去补上浪漫课程。先让学生在单元集中教学、精确教学之前，在生活、社会和自然中自由、自主、充分、初步、整体地亲身经历各种相应的数学现实，充分积累、酝酿和保护相应的心理、情感和经验……

比如，一年级下册教材中的"认识人民币"是公认的学习难点。为此，有的教材把它调整到二年级，但教学效果依然不理想。其实，这个难点既不是学生年龄造成的问题，也不是学生学习力造成的问题，而是我们忽视了设计浪漫阶段的课程造成的问题。

针对它的浪漫课程我是这样设计的。开学第一天，我就联合班级的家长委员会在教室里开起了"超市"，对学生上课时各种良好表现的评价都用真钱奖励（每次一角到几角不等）。学生集满10角钱就可以兑换1元钱，攒够了钱就可以选购自己中意的商品。每种商品的价格都是精心标注的，会让学生使用到元、角、分三种单位。钱盒一直都是"露天存放"的，陈列了不同版本、不同面额的人民币，学生可以随时任意把玩。这样做的目的一是涵养学生的诚信，二是让学生在无意中认识人民币。

学生购物前需要先填写购物单：拿多少钱买哪种商品、单价、个数、找的钱数等。我和家长达成共识，尽可能让学生多参与家庭的日用品采购。就这样，他们在生活中持续地"未学先用""长线浸润"，一个半学期下来，再集中学习人民币就非常容易了。

学生在这种长线的浪漫课程体验中，不仅认识了人民币，学会了简单换算人民币，还亲身经历了购物流程，习得了购物能力，学会了简单记账、统计，积累了生活经验，感受到了学习人民币的意义。除此之外，他们真正认识到了1元钱到底能购买哪些物品，能买多少（即1元的价值），这是单纯靠课堂教不出来的，只有在这样的实际生活中才能真切地体验到。

四是努力为孩子们量身定制更丰富、更适合的数学学习方式。

数学教学面对的是人，每个人都是既有人类共性又独具个性的个体，只有丰富多样的学习方式才能适应个性多样的孩子。全景式数学教育中"全"字的含义之一，就是数学学习方式的多样、丰富、完整和完善。我们尝试重构学习时空，把改善后的传统课堂学习方式和离校、离室、离师后的学习方式结合起来，坚持跨领域学习，坚持在真实的实践中学习，坚持定制化学习，坚持长线浸润式学习，坚持戏剧化学习，并将这五条学习主线贯穿始终。

接触被全景式数学教育浸润过的班级和孩子，你会看见以下情形。

开发区的马路上空旷而冷清，一些孩子，有的臂弯缠着测量绳测量，有的昂首正步行走，有的专注地盯着手中的秒表……，千米的概念就这样挂在了孩子的脚上，缠在了孩子的手臂上，进入孩子的眼里，融入孩子的身体，刻在了孩子的心里。

教室里靠墙的长柜子上，摆满豆子、食盐、油瓶、口服液、硬币、天平、砝码、台秤……，孩子下课后可以随手掂，随意称，随意摆弄。在经意与不经意间，1克、1两、半斤、1斤、1千克等"质量感"在孩子心中逐渐成形。

五年级的孩子用铁皮盒、橡皮筋做音乐盒，随意弹拨。

三年级的孩子不停翻阅英汉词典、汉语词典，研究 centi（厘）、milli（毫）、meter（米）、gram（克）等；研究"分毫不差""咫尺之间""退避三舍""不积跬步"等。

……………

数学和数学的学习完全可以很感性、很具体、很好玩、很火热、很浪漫！

全景式数学教育在坚持上述五条学习主线的同时，不固化于某一种教学模式，而是倡导教学方式应"以万变应万变"，探索出了更为丰富的定制化学习方案。我们根据内容、环境、时间来调整和定制适合不同孩子的学习方式，让每个孩子都能适切地学习、个性地学习、如其所是地学习。

比学习方式更重要的是，根据孩子的具体情况制定不同的学习目标和内容，让数学对每个孩子而言都成为既富有挑战的又能够学会的课程。我们还联手家长，设置各种数学奖项，开展丰富多彩的挑战赛让每个孩子都参与。我们利用各种机会表扬孩子，激励孩子，暗示孩子，让他打心底里喜欢数学，相信自己适合学习数学，能学好数学，快乐地学习数学，并让"我适合学数学，我能学好数学"成为每个孩子的信仰。

五是家校和学科联动，给孩子营造真正尊重、自由、自主的人文学习环境。

全景式数学教育团队和家长有一个公约，即教师每次上课前或家长辅导孩子前，要把自己的心境调整到极佳状态，每次活动前要把孩子的心境感染到极佳状态，给孩子最大程度的安全、自由、鼓励、尊重、信任和放手。不计较孩子的对错，鼓励每一个敢于表达的孩子，尊重孩子所有不逾越底线的想法和行为，珍重孩子跟我们上课共处的感觉，努力让每个孩子在每节课或每次辅导中都能感觉到自信和愉悦。如果做不到，也绝不让他产生负面情绪。努力让孩子因为数学学习感到幸福是我们的目标。

本书收入的 22 个案例，从不同侧面反映出全景式数学教育的基本思想和理念。学生在学习中表现出来的那种热情投入、思维灵动、情感丰沛、阳光快乐、自然舒展的生命状态深深感染了我。同时，我也热切地期盼读者能从中感受到学习数学的幸福、数学教育的幸福，这将是让我备感幸福的事！

上篇

浪漫学习

数学课程和数学教学应该补上
浪漫阶段。

怀特海认为，人的学习均要经过"浪漫→精确→综合"三个阶段。

当下，小学数学大都是有关精确和综合的内容。学校里的数学学习通常直接从精确阶段开启，课堂教学也常常过度强调，有时甚至全部聚焦在精确学习和综合学习上。

浪漫学习阶段课程建设的严重不足甚至缺失，使学生在进行精确学习前的浪漫体验、直接感知很不充分，很不系统，也很不完整。这是造成一些学生学习数学困难，不能完整、全面、深入地认识、理解数学的一个重要原因。

为了破解这一难题，全景式数学教育系统规划、设计和建设各项数学内容的"浪漫课程"，并大力实施相应的教学活动。

全景式数学教育的浪漫学习阶段，分为"浪漫体验→主体先构→问题梳理→未学先测"四大部分（本书主要涉及前三部分）。多年实践表明，全景式数学教育可以让数学教育、数学学习收到非常好的效果。

◇ 浪漫体验学习活动

全景式数学教育倡导全时空、全方位教学，强调校园学习和日常生活的融合与统一，让学生在真实的生活中学活的数学，活学数学。因此，全景式数学教育坚持在正式教学每项知识前，先进行相应的"浪漫体验学习活动"，让学生在真实的生活中体验、自主初学真实的数学，并在这个过程中发现、提出和记录相关问题（这是后面问题梳理课要处理的核心内容）。

在正式学习前一两周，甚至更早，教师联手家长营造相应的数学生活，让学生先全方位、长时、深入地亲身参与相应的生活实践。比如，学生三月份要学习"米、分米、厘米等长度单位"，四月份将学习"克与千克的认识"，那么教师就可以从二月份开始，联手家长举办以"健康生活"为主题的生活活动——人的饮食要科学，要摄入相应质量的糖、盐、蔬菜、肉类、水果等，还要监控自己的体重、身高等。因此，我们建议家长购买一台精度较高的厨房用电子秤、一台天平和一台体重秤，每天让学生用秤和天平去测量质量。同时，还可以开展"谁掂得准"估重比赛，帮助学生在长时间的掂量过程中建立"质量感"，为深入认识质量单位做好准备。鼓励学生每天锻炼身体，做立定跳远、摸高等健身活动，让学生测量体重，并监控自己体重和身高的变化，同时让学生测量家里窗户的规格，为即将到来的夏天安装纱窗做好数据准备等。

如此这般，我们让学生在浪漫课程中深入生活，未学先用，有目标、有方向地提前积累丰富的生活经验，这样到精确学习和综合学习时就能水到渠成，势如破竹了。

由此，我们还提出了这样的观点和建议：勤奋的家长（教师）给孩子补习各种数学知识，智慧的家长（教师）给孩子营造各种数学生活。

下面呈现两个真实、鲜活、有趣的浪漫体验学习案例。

[案例1]"克与千克"的浪漫学习

在学习"克与千克的认识"单元的前三周安排"质量浪漫课程",联手家长,举办以"健康生活"为主题的生活体验活动,进行正式学习之前的长线浪漫体验式学习活动。

活动内容和活动方式等设计如下。标◆的为学生自愿选修学习内容,标★的为全班学生必修学习内容。全景式数学教育课程是必修和选修相结合的双线设计课程,进一步突出和保障了数学学习的差异性、选择性、自主性、个性化和定制化。

时间安排 正式进入课本单元内容学习之前(以下简称"学前")的三周。

器材安排 购买天平、电子秤。

浪漫体验活动

★ 调查什么是质量;古今中外的质量单位有哪些。

★ 为什么要规定这些质量单位?

★ 调查什么是重量;科学上的重量和我们在生活中说的物体的重量是否一样;我们平常说的物体的重量指的是什么。

◆ 搜集古今中外各种各样秤的资料。

反馈方式:学生在家长的协助下,将研究结果制作成手抄报、PPT,或直接下载相应的文档、图片、视频等,按照一定标准分类,按照一定顺序整理成压缩文件夹,上传到班级共享的百度云盘。

◆ 调查、了解厨房用电子秤和体重秤的单位、精度、误差和价格,并根据家庭生活和学习需要选择、购买。

反馈方式：晒图。

◆ 调查什么叫计量单位；科学上常用的计量单位有哪些。

时间安排 学前两周的前两天。

日常生活安排 组装和试用厨房用电子秤、天平和体重秤。家长与孩子或老师与学生协作。

浪漫体验活动

★ 阅读电子秤和天平的使用说明书，学会使用，特别要注意称量单位的选择，学会克、盎司、两、毫升、克拉、格令六种单位切换。

反馈方式：晒视频。

★ 认识各种砝码：1克、2克、5克、10克、20克、50克、100克。

反馈方式：晒图或晒视频。

◆ 测量并记录自己的体重。

每天早晚各一次。晒不晒及晒的方式由学生决定。

时间安排 学前两周的第三、四天至学前一周。

日常生活安排1 "我是厨房小主人，我家健康我负责"——调料管控。

浪漫体验活动

★ 找生活中质量恰好为1克的物体。

开展家庭找"克"比赛，比谁找得多，谁找的最接近1克。

★ 找出生活中质量恰好为10克的物体。

尽可能多找，比谁找得多，谁找的最接近10克。

★ 找出生活中质量恰好为50克（1两）的物体。

尽可能多找，比谁找得多，谁找的最接近50克。

★ 1克、10克、50克的标本各选3个，放在最方便拿到的地方，每天依次掂3个1克的、3个10克的和3个50克的标本，比较、感受它们各有多重，并尝试记住各个标准的质量感觉。

以上四项活动晒的方式自选。

日常生活安排 2 "我是厨房小主人，我家健康我负责"——饭菜管控。

浪漫体验活动

★ 找 100 克（2 两）、250 克（半斤）、500 克（1 斤）、1000 克（1 公斤）的标本，每种至少 3 个。

★ 将标本存放在方便拿到的地方，每天掂量并对比，感受并记住各标准的质量感觉。

◆ 查询世界通用单位 1 克和 1 千克是怎么规定的（它们的由来）。

★ 了解 1 克和 1 千克的英文名字及缩写。

◆ 了解国际千克原器（1 千克标准物）的故事。

以上五项活动晒的方式自选。

时间安排 贯穿"克与千克的认识"的始终。

日常生活安排 "我是厨房小主人，我家健康我负责"——体重监测（1）。

浪漫体验活动

★ 每天测量和记录全家成员早饭前、如厕后的体重，早饭后的体重。

晒不晒以及晒的方式由学生与家人商议。

时间安排 学前一周并贯穿以后的学习与生活。

日常生活安排 其他与质量相关的日常生活。

浪漫体验活动

★ 全家成员质量估计赛。

晒的方式自选。

隔三岔五，比谁掂得准，获胜者赢得约定的奖金或奖品。

建议设置一些权益奖励，如一天生活安置权、独立自由活动一天的权利等。

（1）区间估：500 克＜某物质量＜1 千克；50 克＜某物质量＜200 克；10 克＜某物质量＜50 克；

1 克＜某物质量＜ 10 克；1 千克＜某物质量＜ 5 千克；某物质量＞ 10 千克。

（2）准值估：直接估计某个物品多少克或者多少千克，然后称量以确定比赛结果。

★ 收集家里网购物品的价签和商品包装上关于质量的标记和说明，尝试解读，并想办法测量、核实。

教材上的单元内容学习结束后，家长和老师还可以继续安排学后综合应用课程，让孩子在学习结束后复习、巩固、深化和提升。比如，学习"克与千克的认识"后，可以安排这样三项生活体验活动。

日常生活安排 1 实地考察。

★ 到超市、商场里，考察物品上的质量标记和说明，拍照，尝试解释和核实。

◆ 若有机会，去山东省威海市文登区博展中心度量衡博物馆，或山西省祁县度量衡博物馆看"衡"（指秤，称量质量）。

◆ 到有地磅的单位了解地磅。

◆ 了解车辆载重，外出注意查看和记录桥梁的限重标志。

日常生活安排 2 体重监测（2）。

根据自己的每日体重记录单，分析体重变化情况。

★ 把第 5 天、第 10 天、第 15 天的体重与第 1 天的体重相比，各增加或者减少了（　　　）千克，合（　　　）克。

◆ 在家长协助下，学生用电子表格记录体重，尝试生成折线统计图，了解家人体重变化情况。

★ 预测家人再过 10 天后的体重大概是多少千克，并验证谁预测得更准。

日常生活安排 3 跨域研究。

利用网络、字典和辞典等工具查询。

★ 查询千钧一发、半斤八两、锱铢必较、铢两相称等成语的意思。你还知道哪些与质量有关的词语？

◆ 查询并研究中国古代规定 1 斤 =16 两的原因有哪些。

◆ 查找天文质量单位 M⊙，了解它相当于多少千克。

说明：坚持跨学科融合性学习是全景式数学教育建设课程的核心主张之一，它让学生看见数学外面的世界，得到更多的文化和学科滋养。

通过以上浪漫体验和后续的应用学习，学生会对质量、质量单位以及相关概念有较为全面、完整的了解，研究更加深入，理解更加深刻，掌握更加扎实，能较好地建立相应质量观念。学生的知识背景变得更加丰富，视野变得更加开阔，具备了更强的应用意识和应用能力，对数学学习价值和意义的认识也更加深刻，学习兴趣也更加浓厚。

[案例 2]"万以内数"的浪漫学习

数（shù），源于数（shǔ）；数（shǔ），又源于用。在用中数（shǔ），是孩子认识数的最重要的活动。二年级进行"万以内数的认识"学习，教材安排在 4 月底，课时约为 3 周。对万以内数的认识，单靠 3 周的课堂集中学习是很难优质达成的。为此，我决定把学习活动进行扩展，提前给孩子设计一个"数源于数"的长线寒假活动——"数万颗子"。新学期开始后，我又设计了"数着写"的长时段活动——"写万个数"。这两项活动都充满了挑战性，学生参与的积极性都很高。

◎ 挑战一：数万颗子

"春种一粒粟，秋收万颗子。"10000 颗子到底有多少？让我们数数看。在为期 4 周的寒假里，你能否数出 10000 粒大米、豆子或玉米等？

要求一：从 1 开始，一个一个地数。

要求二：每 100 粒装一小袋，10 个小袋（即 1000 粒）装一大袋，10 个大袋（即 10000 粒）装在一个更大的袋子里。

这是一场毅力的挑战，这是一场意志的磨炼。你，敢挑战吗？

班里 30 个孩子历经一个假期，全都亲手把"10000"数了出来：10000 粒大米、10000 粒绿豆、10000 粒黑豆、10000 粒红豆、10000 粒黄豆……。学生在数的过程中获得了真实而丰富的感受——

• 关于时间

生 1：原来数 10000 粒要那么多时间！

生 2：我是整整数了一天，除了吃饭，什么都没干。

生 3：我数了 10 天，每天数 1000，每天数 1 个小时。

生 4：数的时间太长了，我的手指头都数得发热，好疼好疼的。

• 关于多少

生 1：我原来觉得 10000 多到海里去了，数完了才知道不像我原来想的那么多。

生 2：我原来觉得 10000 粒不是那么多，数完了才知道有那么多。

生 3：同样是 10000 粒，黄豆最多，大米最少。

（学生分享时，教师适时介入："我们来讨论一下，10000 粒黄豆、黑豆、绿豆、大米，什么是一样的，什么是不一样的？"

通过用电子秤称、用杯子装等手段，学生认识到：颗数是一样的，都是 10000 颗，堆的大小不一样，质量不一样，然后推及 10000 个西瓜、10000 个人……）

● 关于怎么数

生 1：我原来觉得我都会数的，数了才知道不是这样的。原来我数到 1099，接着就数 2000，现在知道了应该接着数 1100。

生 2：我知道数数最重要的是"拐弯"，就是从 1 数到 9 后怎么数。

生 3：1100，我原来读一千零一百，后来我才知道读一千一百，中间没有零字。

● 关于策略

生 1：我想出用折纸的办法数，就是把豆子都放在折好的沟里，这样豆子就排成一行，不乱了，就可以一个一个地数了，数完了再放进塑料袋就可以了。

生 2：连续数很麻烦，我就想了个好办法，一千一千地数。

生 3：我想出了用直尺数黄豆的办法，14 厘米正好是 20 个黄豆的长度，数 5 次就是 100 个。

生 4：我把小盒子铺满，正好是 200 个红豆，我就两百两百地数。

（后三个学生数得很有创意，简单、快捷地数完了 10000 颗，但是，在后续的教学活动中发现，由于他们没有一个一个地数，他们到后面书写数字的时候遇到了困难。）

● 关于成就感

生 1：我数完了 10000，完成了挑战，我觉得我很有毅力。

生 2：爸爸妈妈说，他们从来没有数过 10000 个东西，连钱都没有一元一元地数过 10000 元。我做了一件连他们都没有做过的事情，感觉我很厉害！

小结：尽管每个学生在数的过程中感受不同，收获不一，但相同的是：他们都亲手数了 10 个 100 是 1000、10 个 1000 是 10000，都修正了自己对万的感觉，完善了对万的认识。30 个学生都感觉完成了一件大事，体会到了挑战成功的自豪感。

◎ 挑战二：写万个数

数完豆子后，我从三月下旬开始，激励学生挑战更艰巨的任务：写10000 个数。

我给每个学生双面打印了 26 张 10×20 的方格书写纸，让学生尝试从0 开始，每行写 10 个数，一直写到 10000，并告诉学生：

这是一场毅力的挑战，只有毅力足够强大的人才能完成，你敢挑战吗？一天可以，一个月也可以，没有期限，只是希望：如果你接受了挑战，就一定坚持做下去，把它们写完！完成的同学将获得"数学挑战英雄"称号，获得奖状，并受邀和张老师到教师食堂共进早餐。

挑战方式有两种，你可以选择适合自己的方式。

方式一：一口气从 0 一直写到 10000，记录写的时间：我从___：___，一直写到___：___，中间休息了（   ），实际一共用了（   ）的时间。

方式二：分成不同的时间段写。记录：第 1 次，从___：___开始，到___：___结束，用时（   ），从（   ）写到了（   ）；第 2 次，从___：___开始，到___：___结束，用时（   ），从（   ）写到了（   ）……

学生要完成挑战，必须历经 1000 次"到 9 拐弯"，在 1000 次的体验中对"满十向前一位进一"的计数规则的感悟不言自明。

生1完成日期：2015年3月31日，用时总计14小时10分。

生2完成日期：2015年4月3日，用时总计18小时58分。

到4月14日，又有3个学生完成了挑战。我和他们约定："三位新英雄，明天七点半，我们一起去吃早餐。"

我把学生领奖和受邀一起就餐的照片，做成了"万里长征挑战赛英雄大汇集（他们很棒！我一定也行！）"PPT，根据学生的完成进度，每天更新，在课前播放分享，并上传到家长群里。对还没有完成挑战的学生，每次我都不忘记劝慰他们："我们没有时间期限，不着急，慢慢来，坚持下去，老师等你！"

除此之外，开学伊始，我还设计了以"计数单位"为基数的军衔制日常评价表，列兵、上等兵、下士、中士对应个级四个数位，上士、少尉、中尉、上尉对应万级四个数位，少校、中校、上校、大校对应亿级四个数位，少将、中将、上将分别对应兆位、十兆位、百兆位。学生哪个方面表现好，都可以从个位起，每次晋级一个军衔（一个数位），并自己在评价表上把对应格涂上颜色。两个月下来，他们对数位顺序表已烂熟于心。

通过"数万颗子""写万个数"以及日常涂评价表这几项活动，学生对10000有了相对完整的认识，掌握了数的读法、数的顺序、数的组成、数位顺序表和"满十进一"的位值制计数规则。同时，这几项活动也训练了他们的数字书写能力，锻炼了耐心和毅力。

◇ **主体先构学习活动**

在 2005 年我提出了"五还原教学法"，即数学教学要"还原人本，还原现实（生活现实、数学现实、其他学科现实、学生现实），还原本质（数学的本质、学习的本质），还原系统（数学系统、整个人的成长系统），还原历史和文化（不止是数学）"。其中的"还原系统"，强调数学学习要先引导学生对整个单元的知识系统进行整体建构。

经过多年研究、发展和总结，我形成了"在整座原始森林中研究一棵树"这个全景式数学教育的基本主张，并创生了全景式数学教育独有的课程和学习活动模块——"主体先构"学习活动，也称为整体架构课程（或者整体架构活动）。

这里的"主体"，一是指要研究数学主题内容的主体部分、主要的构成框架；二是指学生这个学习主体。

主体先构学习活动，类似于建房，先建主体框架，是指以学生为主体，在教师的协助和指导下，在精致化学习前，学生先对本单元学习内容的主体进行自主架构，对本单元要研究的主题的基本内容、基本思想、知识推进关系和框架结构等有一个整体的、初步的认识。

"相遇问题"的主体先构学习活动就是这样学习的一个典型案例。

[案例3] 相遇问题，先学什么？怎么学？

◎ 课前暖场

师：同学们，你们刚刚上四年级，但是，我们今天要学习五、六、七年级的内容。

生：（惊讶地）啊？！

师：（笑）是不是觉得老师有点儿不正常？

生：（个别）嗯！

师：给敢于表达自己真实感受的同学掌声！（学生鼓掌。）

师：因为你们是四年级学生，学五、六、七年级的内容，一点儿都不会是正常的；如果你研究会一点点，那就不正常了，叫超常。（学生笑。）

师：我们这节课学习的是解决问题，但我不会给你一个具体条件，却让你解决问题！（学生惊讶。）

师：我连一个数都不告诉你，却让你解决问题！

生：（更加惊讶）啊？！

师：我甚至都不提出一个具体问题，却让你解决问题！

生：真不正常！

师：跟不正常的张老师上不正常的数学课，有三个绝招。第一个绝招一个字——猜！（学生笑）第二个绝招两个字——

生：瞎猜！

师：（竖起大拇指）知音啊！第三个绝招三个字——

生：胡乱猜！

师：（夸张）这都知道啊！太棒了！既然是猜、瞎猜、胡乱猜，就不用管对错，尽情来吧！

（此时，学生身心彻底放松，戒备几乎完全解除。）

◎ 课中学习

● 出示研究主题

师：很多老师是先写题后画图，我偏偏先画图后写题。用一条线段表示 A、B 两地之间的一条直直的路。在数学上，线段可牛了，可以表示路，可以表示人，可以表示猪，可以表示世间——

生：万物。

（教师板书：甲、乙两人分别从 A、B 两地同时出发，相向而行。学生齐读。）

● 主题解读——找不懂及解决之道

师：哪个地方不懂？

生：其他的都懂。"相向"是什么意思？

师：不懂怎么办？

生：猜。

（有的学生猜是面对面，有的学生猜是背对背，还有的学生猜是向同一个方向走，他们想全了两个人沿同一条直路行走的所有可能。此时，学生初步建立关于行程问题的浪漫森林：含行程问题的相遇、追及、背道而驰三大类型。）

师："相向"到底是什么意思？查什么能查出"相向"的意思？

生 1：词典。（其他学生纷纷认同。）

师：那好，现在请同学们开始查词典。

生：（异口同声）没带。

师：（故作惊异）你们来上课怎么不带词典呢？

生：老师没让带！

师：（面向学生的班主任）老师，您课前跟学生说不许带词典了？

班主任：（委屈而坚定地）我没说啊！

师：听见没，你们的班主任根本就没说不许带词典。你们为什么不带？

生：（激愤地反驳）这是数学课！上语文课才用词典，这是常识！

（听课教师哄堂大笑。）

师：我们班的孩子敢于表达自己真实的意见和想法，这一点特别难得！但有一点也让我感到非常遗憾。词典不仅是语文学科的学习工具，还是数学、科学等所有学科的学习工具！其实，对很多数学概念的学习，你不需要麻烦任何人，只要查一下词典就能解决了。以后上数学课要怎么样？

生：（齐）带词典。

师：现在你们没带词典怎么办？

生：用手机上网查。

师：（半开玩笑地）手机带了吗？

生：（大笑）没有。老师你有！

（教师用手机搜索"相向"一词，让学生阅读——"互相向着对方的方向"。至此，学生明白了除了查词典外，还有一个重要的自学数学的路径——上网。然后，教师在板书中的"相向"一词下面标注"面对面"，让学生再读一遍。）

● 主题情形的全景架构

1. 独立猜想。

教师在教室里标注出 A、B 两地，让全班学生一起思考：甲、乙两人分别从 A、B 两地同时出发，在相向而行的过程中，两人的位置关系会出现几种不同的情况，并用手势表示出来。

2. 现场模拟。

让两个学生（或全班学生两两结合）现场表演相向而行，观察自己与对方的位置关系，并与自己先前的猜想做对比，看看自己的猜想是否正确。

第一次模拟——不会出界。

第一次走，两个学生分别到达 B、A 两地后自行停止，并转身，再次形成两人面对面的局面。

第二次模拟——敢于出界。

师：（引导）我让你们俩停了吗？

（两学生一脸迷茫。）

师：发现没？我让你们面对面行走，没有说停，但你们到了另一端就自动停止了，给你们画个圈你们就不敢出去了。不仅小孩子这样，很多大人也会这样。

（两学生恍然大悟，第二次模拟后都走过对面的 B 和 A 点，出界后继续前行。）

师：大家为他们敢于出界鼓掌！出界的这些情况你们想到了吗？

（绝大多数学生摇头表示没想到。）

师：敢于出界才会看到新的世界，跟张老师学数学就要敢于出界！

3. 图形表征。

（1）学生独立用线段图表征自己想到的各种位置情形。同时，教师巡视课堂，鼓励学生并集齐全班学生想到的各种情形。

（2）互动分享。

师：同伴是我们重要的学习资源之一。现在，看看你周围的同学有没有画出你没有想到的情形。你可以下座位，想看谁的就去看谁的。（学生非常兴奋地下座位交流，对比并补充、修改自己的作品。）

4. 情形的全景展示。

教师展示学生想到的所有类型，并引导学生观察、思考和对比。（如图①—图⑨所示）

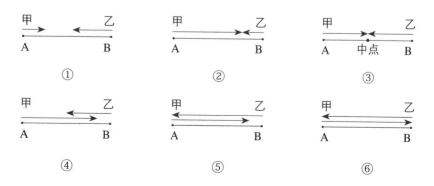

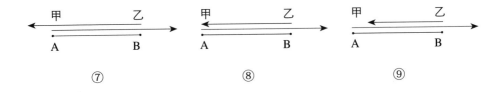

⑦   ⑧   ⑨

5. 分类命名。

（1）学生首先把9种情况分成了三类，并给这三种类型取了相应的名字：一是没相遇（如图①所示）；二是相遇（如图②、图③所示）；三是相遇过头（如图④—图⑨所示）。

（2）学生接着又把第三类分为两个子类：一是相遇过头没出界（如图④—图⑥所示）；二是相遇过头出了界（如图⑦—图⑨所示）。

（3）让学生随着对位置关系的深入分析，进一步认识到相遇问题表面上分为三类，实际上可分成四类：没相遇、相遇、相遇过头没出界、相遇过头出了界。

至此，学生完成了对两个人"相向而行"全部类型的整体建构，建设起了相遇问题的整座森林。

● **数学模型的全景建设**

1. 引入路程。

师：我们先从最特殊的正好相遇开始研究，没在中间相遇和在中间相遇分别说明了什么？

生1：没在中间相遇，说明甲、乙的速度不同；在中间相遇，说明甲、乙的速度相同。（学生一致认可。）

师：这个同学了不起！他用到了"速度"这个数学专业术语来看数学和描述数学。一见到速度，你马上就会联想到什么？

生：时间和路程。

师：它们可是数学关系最密切的铁三角式的概念。我们今天先来研究相遇问题中的路程，数学路程用 s 表示。

2. 找路程并命名。

师：你看到了哪些路程？命名为 s 谁？

（学生依次找到了一些路程，并给这些路程取了名字，还阐述了取名缘由，略。）

3. 建立关于路程的四种模型。

师：一个图中同时存在好几个路程，那么，这些路程之间——

生：应该是有联系的。

师：它们和 s_{AB} 之间都有什么关系呢？

通过研究，学生发现——

（1）正好相遇（如图 ⑩ 所示）：$s_{\text{甲}}+s_{\text{乙}}=s_{\text{AB}}$。

（2）没有相遇（如图 ⑪ 所示）：$s_{\text{甲}}+s_{\text{乙}}+s_{\text{空}}=s_{\text{AB}}$，即 $s_{\text{甲乙}}+s_{\text{空}}=s_{\text{AB}}$。

（3）相遇过头没出界（如图 ⑫ 所示）：$s_{\text{甲}}+s_{\text{乙}}-s_{\text{重}}=s_{\text{AB}}$。

（4）相遇过头出了界（如图 ⑬ 所示）：$s_{\text{甲}}+s_{\text{乙}}-s_{\text{重}}>s_{\text{AB}}$（$s_{\text{甲}}+s_{\text{乙}}-s_{\text{重}}\neq s_{\text{AB}}$），$s_{\text{甲}}+s_{\text{乙}}-s_{\text{重}}-s_{\text{甲超}}-s_{\text{乙超}}=s_{\text{AB}}$。

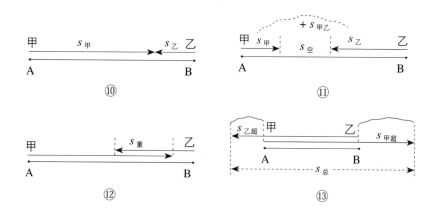

当学生总结"出了界"的三个算式时，教师引导学生认识到，出界后又发现了新的等量关系、新的世界。

此时，学生全面深入地建立了"相向而行"的数学模型，不仅看见了整座森林，还看见了森林中的每一棵树。

4. 现场模拟，巩固关系。

两人合作，用直尺当作路，用两块橡皮当作甲、乙二人，和同桌一起模拟四种类型，并和同桌说出求 AB 路程的关系式。

◎ **课后拓展**

师：回到家，请你在你家客厅、院子里标上 A、B 两地，让爸爸、妈妈相向而行，你猜他们敢不敢出界？

（学生非常兴奋，纷纷表示要回家测试一下自己的父母。）

师：如果他们不敢出界，你要告诉他们——

生：敢于出界才会看到新的世界！

师：你还可以考考他们对各种类型怎么求 s_{AB}。

◎ **这节课我们到底在教什么**

这节课学习的内容在全国各个版本的教材中都没有。全景式数学教育为什么要增创这个课程？它到底能给学生带来哪些改变和成长？这节课表面上没有解决一个具体问题，但真的没有解决问题吗？这节课我们到底在教什么？

首先，这节课教的是一个整体、一个系统、一个结构。这节课的创设和学习能让学生对相遇问题的结构有一个系统、完整、全面的认识。

其次，这节课教的是模型。相遇问题属于问题解决，问题解决的本质是数学建模。这节课，学生自己建立了相遇问题的四种模型。学生一旦掌握了相遇问题这个知识框架和这些基本模型，到五年级再学习相遇问题时就根本不需要教师去教，完全能够自学了。学生在学例题时，就会自动把例题与这些模型配对。更重要的是，学生能清晰地看见这道例题、这个内容在整个知识框架结构中处于哪个位置，以及它与其他内容有什么区别和联系。

再次，这节课教的是思维。数学教学归根到底是关于数学思维的教学。这节课没有一个已知数，正因为没有这个的限制，思维才能更好地打开。在教学中，我们看到学生在思维的海洋里纵横驰骋，天马行空，一节课都在思考和挑战，直指数学的核心。

最后，这节课改变了学生的一些观念和思考方式。教育最难的不是教给学生知识技能，而是改变学生的观念和思考方式。具体体现在以下两点。

第一点，改变了学生认为字典、词典只是语文学习工具的认识。其实，对数学上很多概念学生靠查字典就能理解。比如，正方形为什么叫正方形？我教学时让学生查字典看"正"是什么意思。学生一查，"正"是指图形各个边的长度和各个角的大小都相等。学生豁然开朗——它四条边都一样长，四个角都相等，所以叫正方形。紧接着我问："正三角形是什么？"立刻有学生回答："三个角相等，三条边相等。"我继续问："正五边形是什么？"数学上很多带"正"字的概念，用一本字典查一个字，竟然都解决了。

第二点，课堂上，学生走到 A 地和 B 地后自动就站住了，这说明很多人的思维已经固化了。一般情况下，不管是成年人还是儿童，你给他画一个圈，他不敢走出去。我给学生展示了一个新的视角——你出了界才会看到新的世界。不仅如此，还让学生回家看看自己父母敢不敢出界。这样做既能让学生复习学习的内容，又能让他们强化敢于出界的人才会看到新的世界的意识。

综上所述，这节课，我教的是改变观念和触及人性的东西，是学生终身受益的关键能力、必备品格和核心素养。《中国教师报·现代课堂》主编褚清源先生听了这节课后发出这样的感慨："有的教师上课是在关窗，有的教师却是在开窗。这节课就是在开窗，让学生在不断惊叹、惊讶中遇到了数学之美。于是，在这样的经历中，学生的眼睛也逐渐明亮起来。"

[案例4]"比较"畅想

比较法是人类认识事物非常重要的方法和路径。著名教育家乌申斯基认为，比较是一切理解和思维的基础，我们正是通过比较来深入了解客观和主观世界的。同样，比较法也是学习数学最基本的思想和方法，对数学知识的学习几乎都离不开比较。因此，人教版小学数学教材一年级上册编排了"比较"的内容，一般包括"比多少""比长短""比轻重"三部分，都是结合具体背景来直观比较的。

全景式数学教育，不仅丰富了比较的维度和内容，还在学习这些具体的"比较"内容之前，先增设了一个整体认识"比较"的浪漫学习活动——即"'比较'的主体先构活动"，并在这样的活动中师生共同确立了"'比较'主题周"的研究内容。

活动过程如下。

◎ 呈现整体化的现实背景

在一个桌面右侧靠前的位置上放一小堆正方体木块，左侧靠后的位置上放一堆圆柱体山楂片。

◎ 明确目标，自由猜想

师：生活中，我们常常要比较两种或几种物体。比如，如果要比较这堆木块和山楂片，我们可以从哪些方面比？也就是可以比什么？（学生独立思考。）

教师提示学生：一是怎么想都不算错，就比谁想到的多，从而鼓励学生大胆、自由地畅想；二是字不会写也不要紧，可以把想到的几点用符号、图画等方式记下，免得一会儿分享的时候忘记了、遗漏了。

【说明：教师先让学生敢说、敢想，学生才能会说、会想。教师要从一年级开始，有意识地引导学生关注和记录自己的思考。】

◎ 反馈与碰撞

● 反馈（按照发言顺序记录）

① 比大小。

② 比数量。

③ 比谁多、谁少（比个数多少）。

④ 比谁轻、谁重（比轻重）。

⑤ 比高矮。

⑥ 比粗细。

⑦ 比远近。

⑧ 比长短。

⑨ 比胖瘦。

⑩ 比宽窄。

⑪ 比形状。

⑫ 比价格。

⑬ 比重要性。

⑭ 比能不能吃。

● 碰撞

学生看到大家竟然想出了十几种比较的维度，全都兴奋不已，之后又碰撞出让老师都想不到的比较角度。

生1：比时间。

（当时，教师也糊涂了：山楂片和木块在一起，怎么能比时间？好在，教师始终对学生充分信任，便赞叹道："好，这个角度连我都没想到，你能再具体一点儿给同学们说说'比时间'是什么意思吗？"）

生1：山楂片有保质期，过期就不能吃了；木块没有保质期啊！（听课的老师们掌声雷动！）

生2：还可以比它们的颜色。

生3：还可以比它们的花纹。

生4：还可以比谁好看、谁美丽。

生5：比什么时候用。

生6：比谁贵、谁便宜。

生7：比光滑度。

生8：比底面。

生9：比软硬。

生10：比弯不弯。

生11：比喜欢（意思是哪种更受欢迎，被优先选择）。

【说明：教材编排的比多少、比长短、比轻重，实际都是属于"数与代数"这个领域的内容，在我们的教学中，学生不仅从"数"的角度比，还从"形"的角度比，他们提出的比花纹、直弯等，本质上都是比的"形"的属性，这样从数学角度比较两个对象的维度就更完整了。更可贵的是学生的比较维度，不止于数学，还超越了数学，"看见"了艺术的维度、物理的维度、人文的维度……。他们对比较认识得更完整了，对事物认识得更完整了。当然，最后我们还是要回到数学，聚焦于数学的比较，但是，学生有了这样的经历，他的视野就能深入于数学，又不桎梏于数学。】

◎ 分析与整理

师：你觉得以上有哪些比的方面意思是差不多的，可以合并在一起？

（学生合并，略。）

【说明：合并这个活动，是精简认识一种数学现象的必要过程。它既可以让学生理解对同一种事物（规律、现象……）可以用不同的语言表达，又可以进一步理解每种语言表达的实质，促进他们对数学实质的认识与理解。】

教师让学生试着分类、猜想、明确学习目标。

① 哪几个属于数量方面的比较？（教师板书：数。）

② 哪几个属于形状方面的比较？（教师板书：形。）

③ 哪几个既不属于数的比较，也不属于形的比较？

（学生反馈，略。）

师：（小结）从数、数量、数量的多少、数的大小等关系，形状、空间位置等角度去比较，是数学视角的比较；从颜色、软硬、美不美、好吃不好吃、哪里用等角度去比较，是数学之外视角的比较。接下来，我们将用一周的时间，研究数学角度的比较主要比什么，怎么比。

最后，在老师的主导下，确定了"'比较'主题周"的研究内容——

①比个数；②比轻重；③比长短（全景式数学教育还补进来比深浅、远近、高矮、厚薄、宽窄等，这些比较本质上都是比长短。）；④比大小A——片的大小（其实就是比面积）；⑤比大小B——块的大小（其实就是比体积）；⑥比形状——立体、平面、线、正斜和曲直等。

现行教材多比较个数、轻重、长短这几方面，我们的学生想到（补充）了后三个方面，同时，使得数学比较的维度不仅有"数"的比较，也有了"形"的比较。

【说明：学生通过猜想、合并和整理，自己构建了相对完整的"比较角度"系统，其中每一类都是他们未来一周要研究和学习的子项目——"'比较'主题周"的研究内容。在后续的学习中，他们分类选择，进行研究。这样处理，一是可以让学生对学习内容更有感情，更感兴趣，因为这些项目是他们自己想出来的；二是可以丰富学生的视野，让学生从更多的角度去比较几种事物；三是更容易让学生感悟到各个不同比较角度之间的联系，从而对比较有一个相对系统、完整、全面的认识。】

◎ 后续教学补充说明

学习完"'比较'主题周"，教师可以尝试引导学生回顾、反思和透视不同比较维度的数学实质，让学生初步认识到比轻重、比长短、比大小（片的大小、块的大小）实际就是比计量单位的个数（比如，书有4个巴掌大，字典有2个巴掌大，所以书更大），而比同种计量单位的个数实际就是比数的大小（4＞2，所以书比字典大），最后形成关于比较的数学实质认知结构图。（如下页图所示）

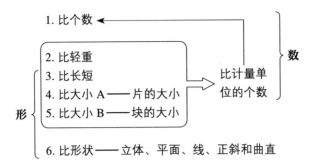

◇ 问题梳理学习活动

问题梳理学习活动包括单元主题问题梳理和个案具体问题梳理两类。

《义务教育数学课程标准（2011 年版）》总目标的第二项指出"增强发现和提出问题的能力、分析和解决问题的能力"。单元主题问题梳理安排在"浪漫体验"和"主体先构"之后，是全景式数学教育独有的数学学习活动。"问题梳理"着眼的不仅是解决实际的问题，还要求学生对提出的问题进行汇总、比较、分级、分类、关联和筛选，这是一种更具深度的问题分析能力。问题分析能力是人解决问题、探索世界不可或缺的重要能力，不仅数学学习需要，其他学科学习也需要，未来在生活和工作中也一定需要，这是人的核心素养之一。

在单元主题问题梳理学习活动中，学生在教师或家长的协助、指导下，对在浪漫体验活动中发现、提出和记录的问题一般要做三次梳理。通过对问题的汇总、比较、甄别、合并、分级、分类、连接后，进行筛选和取舍，整理出本学习时段应该探讨、研究和解决的"必究问题"，然后进行专项研究。

第一次问题梳理

① 在教师的协助下，全班学生进行问题接龙，汇总全班提出的问题。

② 师生通过共同审核、辨析和讨论，合并重复问题，重整密切问题，删除离题问题和非数学问题，形成"班级问题单"。

③ 确保班级问题单人手一份，每个学生从中勾选出对自己来说还是问题的问题、感兴趣的问题。

第二次问题梳理

学生打开课本对整个单元逐页浏览，看到底要学习哪些内容，给每一道例题（或每一页）起小标题，并对照班级问题单，验证、对比、反思自己和同学提出的问题。在这次问题梳理中，学生先自己通过阅读整个单元，清除已经解决的问题，留下认为必须解决的数学问题，集中形成"班级真题单"。

第三次问题梳理

教师组织学生一起对班级真题单进行讨论、分类和整理，包括合并同类问题，找出问题间的联系，并对问题进行分层，留下对自己和全班有探讨价值的重点数学问题。

按问题重要程度进行分类、筛选。对重要程度可以从以下几个方面衡量：一是提出人数；二是和课本上单元学习内容的相关程度；三是难易程度；四是对我们（指学生）的生活、后续学习的影响程度等。最后，敲定对全班都有探讨价值的"必究问题"进行学习和研究。当然，对一些比较重要的小众问题，也可以设置相应的个性课程及学习活动。

个案具体问题梳理，是指对一些个别的、具体的问题进行分析和梳理。主要过程是，先对"问题本身"的各种情形进行全面、深入、充分、彻底的联想、追问和分析，然后对结果进行对比、分析和筛选等，以培养学生对问题本身的分析能力、分析意识和分析习惯，进一步提高学生分析问题和解决问题的能力。

[案例 5] "长方形、正方形的特征和周长" 单元问题梳理

我们使用的教材将"长方形、正方形的特征和周长"这个单元安排在12月底教学，但是，我是从9月份开学初就启动了前期浸润工作。一开学，我就倡导学生建立一个"形"的绘本——利用闲暇时间观察、描绘生活中见到的各种图形，并记录想到的与形有关的任何问题。

到11月底，大部分学生画满了一本图形绘本。这个时期的观察和积累不仅仅限于长方形和正方形，而是能见到的所有形状。再通过展览、分享、欣赏、交流，进行互补。这样学生就能从整体上感受和了解各种图形，感受到万物有形、形态各异、丰富多彩，思考关于形的各种各样的问题。

这个活动让学生亲身经历、整体感知和初步认识了图形，积累了丰富的生活和活动经验；同时又为教师了解学情，学生了解自己的情况和后续的问题梳理奠定了基础。

单元集中学习前的倒数第二个周末，我让学生聚焦长方形和正方形，进行专项的浪漫体验，强化对长、正方形的认知，鼓励他们以手抄报等形式，定向寻找、观察和描绘生活中的长方形和正方形，思考和追问"这些东西的面为什么要做成长方形（正方形）？如果换成别的形状会怎样？"，以引导他们把精力投放到对长方形、正方形特征本质的深入思考和关注中。

学生陆续发现：床一般是长方形的，做成三角形，旁边的人睡不下，头会露出来；衣橱多是方形的，做成圆形，衣服会乱滚，靠边的地方不能

和中间一样挂长衣服；地板砖做成其他形状的，拼在一起会有缝隙等。学生通过对这些现象的专项体验，开始对"直""直角"等本质问题进行定向、深入的思考、质疑和追问。

◎ **本单元问题的第一次和第二次梳理**

经过上面的两次浪漫体验学习，我们开始第一次问题接龙和整理汇总，形成了全班关于"长方形和正方形特征与周长的全班问题单"。继而，学生又第二次通过单元整体浏览，经过验证、对比和反思，清除已解决的问题，留下必须解决的"班级真题单"。

细细读两次梳理的结果，就会发现学生提出的问题非常全面、深刻，有的甚至超出了我们的想象，引人深思。

下面就是"班级真题单"。

▲ **关于长方形和正方形的问题，或者我还想知道：**

① 为什么有四条边就有四个角？

② 正方形和长方形只是边不同吗？

③ 为什么它们都有四条边和四个角，但形状却不一样？

④ 为什么长方形不能四条边一样长？（学生问的这个问题很有意思，因为它表明学生的思考已经触及了长方形和正方形的关系。）

⑤ 长方形和正方形的四个角为什么不是锐角或钝角？

⑥ 为什么长方形和正方形的边都是直的呢？（潜台词：弯曲的是不是也可以？）

⑦ 怎么知道它们是正方形，还是长方形？

⑧ 这样还算长方形、正方形吗？（如下图所示）

⑨ 正方形名字的由来，长方形名字的由来。即为什么长方形叫长方形，正方形叫正方形？

⑩ 正方形是菱形吗？长方形是平行四边形吗？

⑪ 长方形和正方形背后有什么关系？

⑫ 长方形的长边和短边有什么关系？

⑬ 正方形和长方形可以再次组成更大的正方形吗？（不能改变原来的形状。）

⑭ 什么可以组成正方形？

⑮ 为什么形状都有特点？

▲ **关于周长的问题，或者我还想知道：**

① 圆有周长吗？要是有，怎么量？

② 三角形的周长怎么求？

③ 梯形、菱形的周长怎么量？

④ 五边形的周长怎么求？

⑤ 心形和半圆形的周长怎么量？

⑥ 五角星有周长吗？

⑦ 什么图形没有周长？

⑧ 世界上所有的东西都有周长吗？人有周长吗？

⑨ 物体的前后左右都是周长吗？（比如，手机正面一圈是它的周长，还是前后左右都是周长？学生又拿起鼠标，在鼠标的四周比画了一下——这已经涉及立体图形而不能仅用线的长度进行刻画和表征了。）

⑩ 周长是前后左右几条边的长？厚度算吗？

⑪ 周长是每个形状都有的吗？

⑫ 周长是什么意思？

⑬ 人们为什么要发明周长？

⑭ 为什么周围的边叫周长？

⑮ 计算周长还有其他方法吗？

⑯ 为什么叫周长而不叫别的？能不能叫全长、总长？……周长怎么

计算？

⑰ 长方形的周长和全长一样吗？

◎ **本单元问题的第三次梳理**

教师组织学生一起对"班级真题单"进行讨论，并分类和整理（包括合并同类问题，找出问题间的联系并分层），最后筛选出对全班都有探讨价值的"必究问题"。

▲ **关于长方形和正方形的问题，或者我还想知道：**

① 正方形和长方形有什么区别和联系？

② 为什么长方形和正方形的边都是直的呢？

③ 这样还算长方形、正方形吗？（如下图所示）

④ 正方形和菱形、长方形和平行四边形的关系是什么？（对问题④的研究可以同时把上面三个问题连带解决，为此，我设计了"小木架变变变"实践活动。）

⑤ 正方形名字的由来，长方形名字的由来。

⑥ 正方形和长方形可以再次组成更大的正方形吗？

⑦ 长方形和正方形是对称的吗？

［问题①到⑤为全班研究的大众课程，问题⑥和问题⑦为小众课程，由小组自主研究，小组可以抽时间跟同学们分享研究过程和结果。］

▲ **关于周长的问题，或者我还想知道：**

① 什么是周长？怎么量圆形、五角星、心形、半圆形的周长？

② 世界上所有的东西都有周长吗？人有周长吗？物体的前后左右都是周长吗？什么图形没有周长？

③ 人们为什么要发明周长？

④ 为什么叫周长而不叫别的？能不能叫全长、总长？……周长怎么计算？

⑤ 剪六块长方形或正方形的布，做一个鼓鼓的球形沙包，然后再测量看正方形的四个角还是不是直角。或者在没有吹的气球表面画一个标准的正方形或长方形，吹圆气球后，再测量看正方形或长方形的四个角还是不是直角。这个问题是教师贡献的。

［问题①到⑤全部为全班研究的大众课程。］

综上我们可以看出，"问题梳理"的重要功能是：明"标"，激"愤"，发"悱"，造"势"，生"课程"。明"标"，指明确学习目标（问题）。激"愤"、发"悱"、造"势"，就是刺激学生产生更强烈的进行数学化研究的欲望和冲动。生"课程"，就是教师根据学生提出的问题设计有针对性的数学课程。也就是说，我们这个单元最终要学的内容是依据学生自己最终梳理出的"必究问题"设计的，是学生真正需要的课程、想要研究的课程。这样建设的课程内容很多与课本不同。比如"小木架变变变——图形间的关系""谁是大地主——周长'面积'""图形中的文化""英语中的图形"，以及后续的自选性拓展研究内容"长方形和正方形的拼组规律""长方形和正方形中的对称""球面上的正方形（拓扑）"等，都是根据学生反馈的问题设计的探究性实践活动。

以上课程贯彻和落实了全景式数学教育的学习理念，即学习是从学生该开始、想开始的地方开始，而不是从课本开始的地方开始；学习是在学生想结束的地方结束，而不是在课本结束的地方结束。学生能走多远，我就陪伴他们多远；他们想走到哪里，我就陪伴他们到哪里！与此相对应的是，很多数学学习活动，我都充分尊重学生的时间需求，学生的学习需要多长时间，我就给他们多长时间，陪他们多长时间。

我知道，有的老师和家长可能会质疑：这不是增加了学生的负担吗？这样会不会完不成教学任务呢？我也这样追问自己。

一是我们要长线、整体地看待课程和教学。有些东西现在研究了，以后不就省时、省心了吗？今天这个地方多用了时间，明天那个地方就会少用。长线地看待和衡量教学，这个学期的有些内容，我完不成也不要紧，今天落下的任务，可以在明天节省出的时间完成。

二是要以人为核心来看待课程和教学。教学最重要的任务是什么？我认为是学生当下需要的课程和想研究的课程，而不单纯是教科书安排的任务。是不是负担，关键看学生喜不喜欢，是不是具有挑战性，是不是有很好的学习效果。当课程是学生自己想要研究的、感兴趣的，他们就会积极参与，主动挑战。这时课程不仅不是负担，还是"刺激"和享受，让学生欲罢不能。

三是这种学习大多是在生活中自然浸润出来的，有些是学生利用课余时间自己研究的，并没有挤占多少课堂时间。此外，它还有持续驱动学生自主学习的效果。

四是我会时刻根据收集到的一系列反馈信息，进行教学调整，准确地把握学生"到底知道什么，会走向哪里"，从而最大限度地避免重复学习，径直前行，进行整合，腾出更多的拓展时间。

[案例 6] 对一道应用题的问题梳理："审问"

◎ 课前暖场

● 脑筋急转弯

师：我们刚见面，不着急上课，先玩两个游戏。第一个游戏叫脑筋急转弯，会玩吗？

生：会！

师：谁愿意讲一个？

生 1：一座桥最大的承载量是 4 吨，而一辆 5 吨的卡车却轻松地跑了过去，这是为什么？

师：我们先考考现场的老师们。

现场老师：载重 5 吨和实际重 5 吨不一样。

生 1：那个卡车自己就有 5 吨重。

师：（再次提问现场老师）你觉得它还能过去吗？

现场老师：那就不知道了。

师：你发现没，老师也有脑筋转不过弯的时候。所以，同学们，你脑筋转不过弯的时候一点儿都不要觉得害羞。第一个问题老师都没猜到。谁能大胆来猜一猜这是为什么？

生 2：因为它没有通过这座桥，是从另一座桥通过的。

生 1：不对。

师：这个同学的想法已经开始不正常了。回答脑筋急转弯问题的方法就是要让自己的想法不正常。鼓励他！（转向生 2）你知道吗，其实，张老师说你想法不正常就是说你不寻常的意思。

生 3：因为把汽车拆了。

师：掌声鼓励！把车拆成零件，一个个拉过去，再装起来。了不起！从别人想不到的角度思考问题，不仅仅是脑筋急转弯需要的思维方式，更是你今后生活需要的思维方式。

生 1：张老师，汽车是不能拆开的。

师：不拆开还有别的办法吗？

生1：要我公布答案吗？因为桥比汽车短。（全场爆笑。）

师：（比画）这个桥就这么长，卡车前面那部分过去了，屁股还在后面路上呢，所以实际桥没有承受5吨的压力。掌声鼓励！老师出一个，我看谁回答得快。你读完小学要多长时间？

生：（齐喊）一秒钟。

师：我敢说，下边有很多老师马上想到了六年。你来读读看？

生3：小学。

师：一秒钟。我今天终于发现我们班的同学全都"不正常"。（学生爆笑。）

师：我再问一个，人为什么要到菜市场去买菜？

生4：因为要活下去。

师：（伸出手和这个学生握手）你很正常！脑筋急转弯恰恰需要从不正常的点和不正常的角度去思考问题。

生5：因为只有菜市场里有卖菜的。

师：正常！

生6：买菜好玩。

师：想法已经有点儿不正常了。参考答案是，人要不上菜市场去买菜，菜不会自己跑到家里来。所以，思考这道题要把思考的点放在"去"上，明白吗？脑筋急转弯暂时玩到这里。

● 穿越

师：第二个要玩的游戏叫穿越。知道什么叫穿越吗？

生1：就是两个地方之间的距离特别长，在极短的时间内就能从第一个地方穿越到第二个地方。

师：我明白他的意思。我现在人在西安，想去北京，立刻就站在北京了，这就叫空间的穿越。了不起！还有什么穿越？

生2：回到过去或者去未来！

师：我讲了这么多节课，很多孩子对穿越的理解只是空间的穿越，但你们认识到了时间的穿越。你们真牛！我们现在一起穿越回古代行不行？

生：行！

师：还回来吗？

（有的喊"回来"，有的喊"不回来"，全场一片沸腾。）

师：不回来了？不回来你爹妈向我要孩子，怎么跟着北京的张宏伟老师上了一节课，孩子没了？（众大笑。）回不回来？

生：回来！

师：不回来我是要负责任的。首先我们穿越到3000多年前。3000多年前，中国出现了甲骨文。甲骨文当中有一个汉字是这样写的（出示用甲骨文写的"问"字）。

生：应该是"问"。

师：（竖大拇指称赞）就是"问"字。它的外边是什么？

生：门。

师：门里边是什么？

生：口。

师：为什么门里长一个口就是"问"呢？到了人家门前一敲门："哎，有人吗？"（众爆笑。）

师：谁能用"问"组一个词？

生：疑问、问题、问候、提问等。

（教师投影展示警察审问犯人的场面，以及电视剧中表现狄仁杰坐堂断案的剧照。）

生：审问。

师：我们再穿越到2400多年前。2400多年前，古希腊有一个著名的哲学家——

生3：（没等教师说完）苏格拉底。

师：天哪！你们真牛啊！老师们掌声鼓励！

师：苏格拉底说的这句话的开头这个词就是你们说的什么？（生：问题。）你们和苏格拉底有缘，长大后一定要读读苏格拉底的作品，每个同学都要读。大家一起看，苏格拉底讲了什么？

生：（齐读）问题是接生婆，它能帮助新思想诞生。

师：知道"接生婆"的意思吗？

生4：帮助孕妇生孩子的。

师：他已经懂得了超越他年龄的问题。同学们掌声鼓励。太棒了！帮助接生孩子的婆婆就叫接生婆。接生婆帮助谁生出来？（生：帮孕妇。）帮孕妇生出来？（全场爆笑。）帮孕妇把谁生出来？（生：帮孕妇把孩子生出来。）说话要说清楚。你会发现问题是帮谁生出来？（生：新思想。）问题厉害不厉害？（生：厉害。）

师：现在我们穿越到80多年前。80多年前有一个非常牛的科学家说了这么一句话："提出一个问题往往比解决一个问题更重要。"这是哪个科学家说的？

生5：爱因斯坦。

师：掌声鼓励！哇，大家太了不起了！现在，我们穿越回现在的中国，有一个人说了这么一句话。他说："做学问，要善于提问，更要善于审'问'。"猜一猜，这是哪个人说的？

生6：钱学森……（学生猜了国内很多名人。）

师：到底是谁说的呢？（用PPT揭秘：张宏伟。）

生：（意外地、兴奋地）你！

师：张老师说了什么？一起读一遍。（学生齐读。）

师：你会发现张老师这里说的"审'问'"（板书）和别人说的"审问"不一样。其实，这个"审"就是"审问"的意思；这个"问"又加了引号，就是"问题"的意思，所以，"审'问'"实际就是——

生：审问问题。

◎ 课中：问题的分析和梳理

● 只出示一个问题

师："张老师买铅笔一共花了多少钱？"这是一道应用题。应用题一般由两部分构成：第一部分叫条件，第二部分叫问题。现在，张老师把"条件"盖住了，只留下一个什么？

生：问题。

师：大家一起把问题读一遍。（学生读。）

师：我请教同学们一下，应用题当中为什么放一个问题在那里？它有什么用？

生1：因为要解答。

师：没问题就没法解答了，我明白她的意思。问题告诉我们求什么，对不对？还有吗？

生2：没有问题我们就不用做了，条件放那儿也没用。

生3：你光把条件放在那儿，人家不知道要干吗呀！

生4：如果缺少了问题，那就不是应用题了，结构也就不完整了。

师：我明白你们表达的意思了。你们认为问题存在的价值就一个：让人明白要求什么。一旦我们知道了要求什么，往往就把它扔到一边不管了，我们开始看条件做题。实际上，不光你们这么认为，很多大人也是这样认为的。今天，我会改变你的认识。下课前，我们会聊聊上了张老师的课，你对问题的认识有了哪些改变。

●审问"问题"

师：今天这个问题就好比一名犯人，他犯罪了，现在我们就像警察要审问犯人一样去审问它。审问分成两大环节：第一个环节就是通过这个问题我们能知道什么，第二个环节就是我们要对这个问题进行追问。（板书：一、知道；二、追问。）

①仅看问题，我就能知道……

师：我们先来进行第一个环节。请大家思考一件事：仅凭这个问题、这一句话，我就能知道什么？

生1：张老师买的是铅笔。（教师板书：1. 物→铅笔。）

生2：是张老师买的铅笔。

师：他知道了人，是姓张的买的。（板书：2. 人→张。）

生 3：张老师买铅笔花钱了。

师：如果张老师不花钱，那叫抢。（板书：3. 财→钱。）

生 4：张老师买的笔不止一支。

师：谁明白他说的是什么意思？

生 5：张老师买的笔不止一支，买了很多。

师：别着急。谁明白他从哪里看出来我买的笔不止一支？

生 6：一共。

师：太牛了，掌声鼓励！他竟然知道我买的笔不止一支。（板书：4. 不止一支。）

师：现在你们已经知道四样了，还知道什么？你还会知道第五样、第六样、第七样吗？如果你只知道这四样，就只是一个普通警察，还不是高级警察。你还要继续审问。

生 7：张老师是在一个地方买的。

师：买的地方。（板书：5. 地方。）

生 8：张老师买笔了。

师：他知道了一件事，张老师买笔了这件事。对不对？（板书：6. 事。）

生 9：张老师去的地方是文具店。

师：（补充板书：7. 文具）哦，这个地方肯定是卖文具的，这都是确定知道的。还有吗？

生 10：谁派张老师去买的？

师：这是追问了。我们把它放在追问里边。（板书：1. 谁派。）

生 11：张老师不是卖铅笔的，而是买铅笔的。

师：他充分证明了一件事情。张老师是买铅笔的，一定不是卖铅笔的。（板书：8. 不卖。）

生 12：他买完铅笔要给谁？

师：那是追问。（板书：2. 给谁用。）

生 13：算"一共"应该用加法或乘法。（教师板书：9. ＋、×。）

生 14：公式是单价乘数量。（教师板书：10. 单价 × 数量。）

师：原来你们碰到问题的时候，只知道它让我们明白求什么；现在你们通过这一个问题、一句话就知道了几样事情？（10样）而且，前三位说到了人、财、物，真了不起！我告诉你们，你们长大后一定会明白你们的人生中做任何事情都离不开人、财、物。你们还从"一共"上知道了不止买一支，知道了这件事，知道了张老师，知道了算法是加和乘，还知道了这道题要用到单价乘数量。真牛！现在你们对问题的看法有变化吗？

生15：我原来以为问题就是不知道的，没想到问题里还有知道的。

生16：没有想到一个小小的问题里能藏着那么多我们知道的东西。

② 对问题进行追问。

师：下面该进行什么了，孩子们？

生：追问。

师：刚才已经追问了两个问题——谁派张老师买的，张老师买给谁用的。那么，你还能不能追问和这道题相关的其他问题？

生1：谁卖给张老师铅笔的？

师：（板书：3.谁卖）我们追问的目的是要最终解决这个问题，你最好追问能够解决这个问题的相关要素。

生2：张老师买的铅笔是什么牌子的？

师：张老师买的是什么品牌。（板书：4.品牌。）

生3：张老师一共买了几支铅笔？（教师板书：5.几支？）

生4：单价是多少？（教师板书：6.单价？）

生5：张老师为什么要买铅笔？（教师板书：7.为什么买？）

生6：张老师带了多少钱？（教师板书：8.带了多少钱？）

生7：你带的钱够不够？

师：带钱了，自然问你够还是不够？（板书：9.够？）

生8：哪个地点买的？什么时候买的？（教师板书：10.时间？11.地点？）

生9：张老师把笔买完之后放哪儿了？（教师板书：12.放哪儿？）

生10：张老师的钱是从哪里来的？

师：张老师的钱来路明吗？（板书：13.钱来路。）

生11：张老师买的笔有多硬？颜色有多黑？

师：他已经问了第14个问题，颜色、质地，还有软硬度。（板书：14.颜色、软硬。）

生12：张老师买完笔去了哪儿？（教师板书：15.买完笔跑哪儿去了？）

生13：他是用什么东西装的笔？（教师板书：16.装？）

生14：张老师买完笔之后还剩多少钱？（教师板书：17.剩了？钱。）

生15：张老师坐什么车过去的？（教师板书：18.交通。）

生16：他旁边有谁？

师：其实，就是张老师和谁一起买的。（板书：19.和谁一起？）

生17：包装的东西是多少钱？

师：我明白你的意思。你的意思是要买的笔（如果数量多）肯定要包装，包装一般也需要钱。（板书：20.包装？）

生18：张老师买笔送给了一个人用，那个人用那个笔干什么？（教师板书：21.送人→干什么？）

生19：他买的笔是真的还是假的？（教师板书：22.真假。）

生20：张老师买的是一种笔还是几种笔？

师：他问的意思是张老师买的是同一种笔吗？（板书：23.同一种？）

生21：张老师买的笔是长的还是短的？

师：还是品种！

生22：他买的包装盒在哪儿扔了？

师：我就归到包装里。

生23：包装是在哪里买的？

师：还是地点的问题。

生24：售货员跟他说了什么？（教师板书：24.售货员→我。）

生25：售货员认识张老师吗？

师：还是售货员跟我的关系。归到24。

生26：打折了没有？（教师板书：25.打折？）

生27：张老师买完笔后，还去买其他东西了吗？（教师板书：26.买别的了吗？）

这时学生没有再提问题了。我激动地鼓励他们："我告诉你们一个好消息，我要给每个同学奖励一个红包。为什么呢？因为你们提的问题特别多。太了不起了！"

● 梳理审"问"结果

① 分类

师：同学们，你们提出的这 26 个问题按解决问题的相关度基本上可以分成三类：第一类是你的追问与解决这个问题高度相关，非常有价值；第二类是中度相关，对解决问题价值一般；第三类是和解决这个问题根本没关系，不会对问题的解决产生影响。

【说明：学生在这个环节中可以感悟到，分类是梳理问题的重要方法，追问的问题与原问题的相关度也是衡量追问问题质量和问题分析能力的重要指标。】

师：我们最终要解决的是"张老师买铅笔一共花了多少钱"，那么你觉得在这些追问中，哪个追问是高度相关的？

生 1：带了多少钱和够不够高度相关。（教师标注星号。）

生 2：买了几支和每支的单价是多少。

生 3：买的铅笔可能会比较贵些，但是打折后可能会便宜。

生 4：剩了多少钱。

师：在这些追问当中，你认为哪些是无用的，我用红色粉笔划去。

生 5：品种（品牌）。

生 6：时间。

生 7："买别的了吗？"也没用。

生 8：包装。

生 9：交通。

生 10：颜色、软硬。

生 11：和谁一起，为什么买。

生 12：放哪儿。

生 13：钱来路。

生 14：买完笔跑哪儿去了。

（教师根据学生的回答适时用粉笔划去板书中的所谓的"无用信息"。）

②逆转——对分类和相关度的追问和反思

师：你们认为最没用的是哪个？

生：品牌。

师："品牌"是谁说的？（看着刚才追问"品牌"的生 1）大家都说你这个追问没有一点儿用，你有话说吗？（生 1 沉默不语。）

师：你在众人面前已经失去了反抗的勇气，这样非常可怕。你不为自己辩解一下吗？他们说你这个"品牌"对解决这道题根本就没用。

（许多学生举手要求为他辩解。）

师：你已经有粉丝了，他们要帮你辩解，你不为自己辩解吗？你就大胆地对他们说："不！它是有用的！"

生 1：不同的品牌价格是不一样的。

师：品牌会直接影响每支笔的价格，继而影响了什么？（生：总价。）这个追问是不是高度相关的？（生：是。）

师：现在再问你，购买的时间是不是相关的？（学生意见不一致。）谁说的？你有反驳吗？

生 2：如果去得早的话可能会打折。

师：超市促销，先来的打折。刚过去的一个日子，你妈妈疯狂购物。（众笑。）

生：双十一。

师：双十一会怎样？（生：打折。）打折之后对这个问题会不会产生影响？（生：会。）这个是好的追问，还是一个差的追问？（生：好的追问。）掌声鼓励！

师：终于有反抗意识了，一个人一定要坚持自己的想法，知道吗？不要别人一反驳，就"啊呀，我没用！"。这个世界不是这个样子的。

师：还有没用的吗？（生：有，"和谁一起？"。）

师："和谁一起？"这条是没用的。大家同意的举手。（有人同意，有人不同意。）

师：到底有用没用？把你的想法说出来。

生3：和另外一个人去买东西，既不能打折，也不能降价，我认为它是没用的。

生4：有用！假如是两个老师一起去买，两个老师去了不同的商店，而且两个老师都姓张，怎么办？

师：就是弄不清楚算哪个张老师的钱了。

生5：他旁边的人可能和售货员有很好的关系，会给张老师便宜一些。

师：（和生5握手）人才，真了不起！他说，比如，我和老板的爸爸一起去，我们俩是好哥们儿，然后老板一看："哎呀，叔，你来买笔，这单免费。"这影不影响我买的价格？（生：影响。）

生6：万一旁边的人是VIP会员。

师：（看到前面沉默的孩子举手）你终于有话说了，孩子们给他掌声鼓励！

生7：（大声地，坚定的语气）颜色、软硬是有用的，因为不同的颜色可能卖的价格也不同，软硬也是一样的。

师：比如，硬度高的可能就贵点儿，对不对？（生7：对。）我要跟你握手，因为你不仅回答对了问题，而且你终于敢说出自己的想法。这很了不起，掌声鼓励！

师：你们原来认为根本一点儿关系都扯不上的，反思、追问之后会发现什么？（生：特别有用。）你们以后还会轻视那些看起来好像没用的因素吗？（生：不会。）孩子们，不仅仅做数学题是这样，你生活当中碰到问题会想到很多相关要素。如果你认为这个要素没用就扔一边了，这是非常可怕的。是不是？（生：是。）因为你扔的东西很可能会影响你这个问题怎样解决。那你今后发现问题的相关要素，还会轻易扔掉你认为没用的东西吗？

生：不会了，一定不会了！

●进一步追问"追问"

师：其实，你们刚才做的工作是"对追问又进行了追问！"（板书：追问"追问"）现在，我们继续追问，为什么问？（边说边圈出板书"5. 几支？6. 单价？"）你们觉得这两个是高度相关的？那我们先分析高度相关的。如果高度相关的解决了，就不用分析那些细枝末节的了。为什么它们高度相关？为什么追问它们？追问它们对解决问题有用吗？

生1：如果你不知道买几支的话，你就没法算总价。

师：举个例子，几支？单价多少？

生1：如果你买10支，单价是5块钱的话，那就是50元。如果你不知道要买几支的话，你只知道单价也求不出来。

师：用什么方法做？

生1：乘法。

师：为什么追问带了多少钱，还剩多少钱？

生2：用带的钱减去剩下的钱，就能算出张老师一共花了多少钱。（教师默默地在之前的板书+、×外画圈，学生立刻明白了还要补充减法。）

师：别着急，你们今天对这个问题追问、追问、追问，突然发现这道题还可以用什么法？

生3：减法！

生4：还可以用除法。

师：通过减法，你们马上想到可能还可以用除法。需要一步除法解答的题，求张老师买铅笔一共花了多少钱，只用除法有可能吗？（学生众口不一。）

生5：一切皆有可能，只是我不会做而已。

（有两名学生举手表示能够举出只用一步除法来做的题，老师把他们一一叫到面前，让他们对着老师的耳朵悄悄地汇报想法。）

师：你们俩坐的位置隔这么远，竟然想到一块儿了。"一切皆有可能，只是我不会做而已。"我觉得这句话可以定为一句名言，一定要写在我们学校的某个位置。（生：出名了。）把这个孩子的名字写下来给我。你叫魏城裕，是不是？你确实有魏晋之风啊！

师：你知道吗？刚才这两位同学都跟我说了同一个问题。他说，张老师和李老师一起去买，结果李老师花的钱是 60 元，李老师买铅笔花的钱是张老师的两倍。（大家恍然大悟。）张老师买铅笔花了多少钱？（生：30元。）什么法？（生：除法。）

生 6：无语。

师：谁说"无语"了？你说"无语"是什么意思？

生 6：没想到。

师：完全超出了你人生的阅历，对吗？一切皆有——（生 4：可能，只是我不会做而已。）你太牛了！你堪比爱因斯坦！

师：原来你们认为和谁一起买，与问题一点儿关系都没有。现在它对算法产生没产生影响？（生：产生了。）哇，你一定不能轻视看起来没用的信息。我告诉你，当你逐渐长大和人交往的时候，也一定不要轻视、不尊重每一位你认为对你没用的人。听到了吗？道理是一样的。好了，孩子们，我们往这里看，刚才通过不断追问，我们发现，原来以为知道的事情，可能是——

生：不知道。

师：因此，第三个追问就是要对你自认为已经明白、已经知道的事情再进行追问，这样你才能更明白地去解决这个问题。

◎ 反省内察——我对于问题认识的改变

师：好了，孩子们，课上到这里，你再看这个问题——"张老师买铅笔一共花了多少钱？"对比现在和以前，你对这个问题的认识还是一样的吗？（生：不一样。）哪里不一样了？

生 1：就算没有条件，直接设一个条件，这道题也可以做。

师：你今天明白的一件事情就是，没有条件光看问题也能想到解决问题的多种路径。掌声鼓励！

生 2：有些问题看似没有用，其实它隐藏着有用的东西。

师：掌声鼓励！看似无用，实际上有用。你已经达到了庄子的境界。还有吗？

生3：一切皆有可能。

师：掌声鼓励！还有吗？

生4：一定要换一种角度思考问题。

生5：你以前轻视的一些问题可能会影响你做题的答案，所以不能轻视任何东西。

生6：思考问题要会不正常思考。（众笑。）

师：要学会正常思考，也要学会"不正常"思考。你原来求"一共"会怎么想？

生7：我原来认为只有加法和乘法。

师：现在你改变了什么？

生7：现在我知道了减法和除法也可以做。

生8：做题前不要轻易下结论，要思考后再动笔。

师：我明白你的意思。不要轻易下结论用加法、乘法，要多方位思考，你最后才会有结论。要审慎思之，这就是《论语》里的一句话——"三思而后行"。你们之前只"一思"就行了，甚至"不思"就行了。对不对？了不起！今天这节课就是对这句话的最好阐释。

生9：之前只会看重要的问题。比如说，已知的单价、数量，不看那些时间、地点……

师：你现在还会轻视它们吗？你还会轻视你周围的每一个人吗？

生9：不会。

生10：我以前只把有用的条件画出来。

师：我觉得这个同学说出了人在这个社会上的共性。总是亲近、重视自以为有用的，轻视甚至忽视无用的。其实，很多自认为无用的，往往更有用！

生11：做题时应该把所有信息都归到一类，然后慢慢地去思考，把没有用的再放出去。

师：你更了不起！你看到了中间的那个环节。你把所有信息弄在一起，不盲目地用，先分类思考，后筛选。如果筛选出重要问题就把问题解决了，那些认为不重要的就可以不看了；如果重要问题解决不了，你再从其他貌似不重要的东西中寻求解决的办法，这样解决问题就更高效了。

生12：以前我在做题的时候，不认真分析，只看某些重要词语。

师：这就是小孩子做题时最容易出现的问题，做题就看题中的几个关键词。现在，我们知道不仅要看关键词，而且要看每一个词语背后隐藏着什么东西。

生13：做题不能只看表面意思，还要看里面的意思。

师：要看背后的意思。有句话叫作写字要力透纸背，其实读书也要这样，你要读透字背后的含义是什么，就是三思，三思，再三思；深思，深思，再深思。掌声鼓励！

生14：因为这个题目简单地看只会看到表面，看不到深层的信息。

师：原来这个问题你觉得没有多少信息，现在你觉得隐藏的信息是多还是少？（生14：太多了。）所以，我在重庆上课时一个孩子就说："张老师，我原来觉得很简单的事情怎么让你搞得这么复杂！"（众笑。）是我搞得复杂吗？是谁把它搞得复杂了？（生：我们。）你们用什么办法把它搞复杂了？（生：追问。）你们把它搞复杂后是更好解决问题了，还是不好解决问题了？（生：更好解决问题了。）你们会发现，你们的深思和追问不是把问题搞复杂了，而是发现了很多隐藏的信息，这样反而能够多角度地把问题怎么样？（生：解决。）这就是对问题审问的意义。审问问题可以帮助我们干吗？（生：解决问题。）真棒！这就是"问题能帮我们解决问题！"，但前提是你要对问题干吗？（生：了解，追问，审问。）你要像审罪犯一样，穷极你所能想到的一切问题把它审问明白。明白了吗？

生：明白了。

◎ "审问"的延展

● 不止于数学

师：好了，这节课我们学的是什么？（生：审问问题。）其实不光数学题是这样，所有学科的题都是这样。你和人相处以及在生活中遇到的任何事情也都是这样。你记住老师这句话，以后你在生活、工作和学习中遇到任何问题时，首先要告诉自己，不要急于解决问题，而是要先审问问题。解决问题当中最大的问题就是急于解决问题。我们解决问题前先把问题放下来，然后用充足的时间和精力，对问题本身进行审问，审着审着——（生：问题就解决了。）所以，你在生活中遇到任何问题时，别愁，先审，审着审着问题就解决了。今天的课就上到这里。

● **不止于课堂**

师：孩子们，作业是这样的——

生：（读）小刚平均每分钟能叠几颗幸运星？

师：以前你们看到这两个字（手指"平均"二字）会马上想到什么？（生：除法。）你现在还会这样想吗？你觉得解决这道题可以用什么方法？（生：加、减、乘、除。）因为一切皆有可能，只是我不会做而已。布置一个任务：第一，知道什么，都写下来；第二，追问什么，都写下来；第三，你能不能想出不用除法，反而用减法、加法、乘法来求平均每分钟做多少颗幸运星的方法？

师：《中国教师报》报道我是"数学疯子"。你今天回家跟你妈妈说："今天从北京来了个'疯子'，他给我们上了一节什么？"（生：审问。）"他让我们怎么来'审问'。"让他们也学会"审问"，这对他们也有用。好了，孩子们，这节课就上到这里。

中篇
精确学习

"精确"不仅仅指对数学认知精确，深得数学精髓，还指学生在精确阶段的自主探索竟可以如此精细、如此精致、如此精简、如此精神、如此精妙、如此精彩……

在通常的数学学习中，精确学习的主阵地是新授课。新授课是数学教学中课时最多，同时也是最为重要的学习活动。通常的新授课以学习新知识、新技能等任务驱动课堂，一般等同于数学教材上的例题教学。全景式数学教育中的新探学习活动，就类似于通常教学中的新授课，但又对其进行了改进、发展和提升。

◇ **新探学习活动**

全景式数学教育中的新探学习活动，是相对于复习课、练习课而言的，是探索、研究新的数学知识的学习活动，类似于传统教学中的新授课，是精确学习之旅中课时量最多、比重最大、最为重要的学习活动。

通常教学中的新授课是学习新知识、新技能的课堂，一般等同于数学教材上的例题教学。全景式数学教育的新探学习活动和通常意义上的新授课不同，它在以下几个方面进行了改进、发展和提升。

首先，改变立足的中心点和活动的指向。通常意义的新授课中心点是教师的教，更多指向教师的传授；而新探学习活动的中心点是学生的探，更多指向学生自己的研究、探索等学习活动。

其次，改变外延。全景式数学教育的新探学习活动的外延要远大于通常意义上的新授课，除了教学教材上的例题外，还包括练习题、课后思考题中包含的新知识点，以及补充、拓展的新内容等。

最后，改变时空安排。新授课是课，一般指的是在学校内学生按照课表学习新知识、新技能的课堂教学。而新探学习活动还包括学生离开教师、离开教室、离开学校后对课外和校外新知识、新技能的自主学习活动。

下面，将分别通过图形的测量、数的运算、数的认识、问题解决等多个领域的 14 个案例，详细展示新探学习活动的过程和操作流程。

图形的测量

[案例 7]"分""毫"争霸：在疯狂的挑战中学分米和毫米

2015 年 9 月 29 日，上午 8：30 到 10：00，"小星星班"上数学长时段活动课："'分''毫'争霸"。

90 分钟后学生依旧不愿下课，玩得很嗨，乐"量"不疲。很多学生感慨："太好玩了！""太刺激啦！"

学生不仅玩得嗨，而且对分米和毫米的印象非常深刻，充分、扎实地建立了长度观念。

这次新探学习活动的教学过程如下。

◎ 家庭社区浪漫学习

在开始本次新探学习活动前，先让学生自主完成以下四个项目的浪漫学习。

一是单元猜想。每位学生不借助任何资料和外力，用思维导图的形式猜想这一单元学什么，为什么学，前后内容有什么关系，怎么学等。

二是学前梳理。学生自己浏览课本，了解本单元的全部内容，以页或例题为单位，用一句话概括其内容，用自己喜欢、适合的方式，简洁地梳理出本单元的内容，以"日"为学习时间单位，制订自学计划。

三是自学课本。以人教版课本为主，参考北京版教材和网络资源等，自学并标记、整理收获和问题。

四是测量与搜集。

①"在测量中学习测量"。利用周末时间，选择合适的工具，用合适

的方式，分别以千米、米、分米、厘米和毫米为单位，在家、社区等地点测量"想""要"测量的长度或距离。

②搜集长度为1分米和1毫米的物体各两个，带到学校比一比谁的更标准。

◎ 校内新探学习活动

●"分米争霸"

学生在小组内（4人一组）展示和交流各自搜集的长度为1分米的物体，并按误差从小到大的顺序依次排列。不能用尺子测量，只能根据自己的经验目测判断。

【说明：这是本课安排的第一次建立1分米长度观念的活动。学生在排列物体的过程中，很难达成统一意见，一直争执不下。活动达到了预设的两个目标。一是帮助学生建立1分米长度观念。学生给物体排队，就必须激活自己的测量经验，对1分米的长度进行反省和内察，对8个不同的"1分米"进行观察、比较、估计和判断。8次判断就是对1分米的8次心理塑型，让学生心里的1分米"具象"更为丰富和深刻。二是激发测量动机。争执不下，难成共识，必然使学生更为投入，刺激学生产生"要"测量的强烈愿望，为下一个环节的小组角逐备足了测量的内驱力。】

合作测量，决胜出小组"1分米"冠军。小组冠军代表本组参加全班争霸，获得霸主的小组荣登"星星荣誉榜"，并由老师请客，到教师食堂和老师共进早餐。

每组只能推选一个"1分米"冠军参与争霸，为确保本组获胜，学生都极为认真细心，测量再测量，比较再比较，确认再确认。

8个小组冠军登台展示"1分米"物体（用拇指和食指捏住物体的两端）。全班学生观察、欣赏、比较，用手比画出1分米。教师组织学生评论："我对谁的'1分米'印象最深刻，因为……"

【说明：学生再次对8个"更为标准"的1分米物体进行观察、欣赏和评论，并用手比画，再次塑造1分米的心理模型，强化1分米的长度

观念。】

学生推荐"测量高手"，由他们在实物投影上测量 8 组推选出来的"1分米"。这时，全班学生都瞪大了眼睛观察、监督，生怕看错、错过。为了选出最标准的"1分米"霸主，他们都非常细心、非常认真："你的多了 1 毫米。""你的差了半毫米。"……真是"分毫"不让，锱铢必较！

少于 1 毫米的误差出现后，学生竟使用了"丝米"和"微米"这两个单位描述误差。此时，他们对不到 1 毫米的长度，到底使用微米还是丝米产生了争执。经过激烈的讨论和网络查证，明确了：1 毫米均分为 10 份分得"1 丝米"，1 丝米均分为 10 份分得"1 忽米"，1 忽米均分为 10 份分得"1 微米"。

【说明：学生在真实、具体的测量、比较和辨析中，随着测量精度的提升，自觉地使用了更小的测量单位，体会到了更小的测量单位产生的意义和价值，明确了各个单位之间的进率关系。】

在"分米争霸"的新探学习活动中，8 人获得小组冠军，其中第 20 号学生成为全班冠军——"1 分米"霸主。没有赢得冠军的学生都铆足了劲儿，急切地期待着将要进行的"毫米争霸"。

● "毫米争霸"

"毫米争霸"与"分米争霸"的竞赛过程基本相同。不同之处如下。

① 态度上：学生更慎重，更严格，更专注。学生利用实物投影的放大功能，把影像放到最大来观察、比较，几乎是"丝米必争"。

② 观感上：当小组代表用手比画、展示 1 毫米时，学生纷纷感叹："看不清它有多长。"

老师抛出问题："'1 分米'都能看得非常清楚，'1 毫米'为什么看不清了呢？"学生在对比和辨析的新探学习活动中，明确了两个单位的大小，以及它们之间的关系：1 分米是 1 毫米的 100 倍，1 分米 =10 厘米 =100 毫米。

【说明：学生自己理解和掌握单位间的进率关系，就可以通过换算，使用心中清晰、明了、准确并擅长使用的长度单位，对物体的长度和距离较

为准确地估计、辨析和判断，同时也能促进"被换算单位"观念的建立和内化，使其更快地成为新的准确且擅长使用的单位。】

● 竞猜争霸

① 学生在教室里任选一物，选择合适的长度单位对同一物体的长度进行竞猜，并和实际测量结果做比较，误差最小的获得本物的"竞猜冠军"，若和测量的结果恰巧一致，则荣获"竞猜霸主"称号。

学生先后对老师耳朵的厚度和长度，鼻孔的宽度，眉毛的长度，鞋长，嘴唇的厚度和长度，橡皮的厚度和长度，草叶的厚度、宽度与长度，课桌、黑板、教室、凳子的长度、宽度、高度，圆形磁铁的直径，同学鞋的长度与宽度，钢笔的长度等进行了猜测，场面异常火爆，学生兴奋不已。

② 竞猜三根铁丝的长度（它们的实际长度分别为999毫米、1米和11分米）。学生需要凭借目测，也可以借助"拃""指"等"身体尺子"去估量。

学生经过测量认识到第二根铁丝"分毫不差"，接着教师让学生尝试理解"分毫不差""差之毫厘"的含义。

【说明：目测（估测）是最常用的确定物体长度的方法，也是学生应该具备的基本测量技能，更是学生建立相应长度观念的重要途径。让学生对同一物体用不同的长度单位刻画它的长度：比如鞋长21厘米，还可以说210毫米或2分米1厘米。这种多角度刻画：一可以练习单位间的换算；二可以通过刻画角度的转换和对比，促进学生形成更强的观察和估测能力。】

● "分""毫"争霸

师："分米"和"毫米"这两个长度单位，看同学们纷纷登上了冠军榜，它们此刻也要一决高下了！分米对毫米说："我比你长，我更强！"毫米不甘示弱地反击道："我更准确，我更强！"同学们，你们认为它俩谁更强，谁更应该是霸主呢？

学生通过热烈讨论和辨析，得出以下结论。

① 介于 1 分米与 1 米之间的长度，用毫米来量会很麻烦，用分米量就会方便得多，但如果还有剩余的长度，那就必须用厘米或毫米来量了。

② 测量比 1 厘米短的长度，分米就没用了，必须用毫米来量了。

③ 分米和毫米各有优点（长处）和缺点（短处）。

师：这让我想起了名句"尺有所短，寸有所长"。你能说说是什么意思吗？（学生答略。）

④ 学生举例说明测量什么样的长度（距离）应该使用什么样的单位，什么时候要结合在一起使用。学生初步理解了各个长度单位存在的价值和意义。它们各有所长，各有所用，只有互相配合，综合使用，才能测量出比较准确的长度。

【说明：全景式数学教育视野下的数学教学，打破了学科壁垒，让学生辩论分米和毫米谁的用处更大，不仅能加深学生对各长度单位存在的意义和价值的理解，同时也是品味、欣赏和感悟"尺有所短，寸有所长"的最佳时机（上面环节中理解"分毫不差"中的"分毫"也是这样的）。学生在这样的新探学习活动中，在文学、数学和哲学等多个维度也能获得一些超越学科的感悟和收获。】

◎"分毫"无处不在：课后的生活续用

下课后，学生们依然意犹未尽。中午，我带他们就餐时，他们竟然自发地对食物的长度进行了估测和竞猜。这个包子皮厚约 1 毫米，这块比萨厚约 1 分米，这根面条宽约 2 毫米，这粒米宽约 2 毫米、长约 8 毫米，这根鸡柳长约 1 分米，这把勺子把长约 2 分米，这个奶盒高约 1 分米，我们的饭卡厚约 1 毫米、长约 1 分米……

午间休息时间到了，学生还在比赛测量，下午的课间他们也忍不住估量。

放学了，我留在教室里准备明天的课，居然接到了一个学生打来的电话，说他刚刚在回家的路上捡到了一块石头，长度正好是 1 分米……

学生进入一种测量的痴狂状态。最后，连热心的家长也被卷了进来。

[案例8] 角的大小的本质到底是什么: 去操场学

◎ 问题和调查

2015年11月, 我受邀到一所学校参加数学教学研讨活动, 听了一节四年级的数学课: 角的度量。教学从比较下面两个角的大小开启。

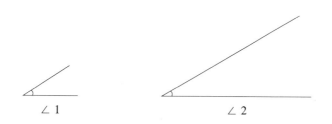

∠1   ∠2

最终, 学生通过用量角器测量, 得到的结论是两个角大小一样。但是, 我身边的一个学生在结论出来后, 还是指着∠2悄悄地向同桌嘀咕: "我怎么还是觉得它大呢?"

恰巧, 我也刚刚在二年级教过"角的初步认识"。二年级是利用两个活动角学具, 重合其中一边, 比较另一边的位置(即叉开的程度), 直观地来比较角的大小的。教师通过这个操作活动引导学生初步认识角的大小取决于两边叉开的程度, 和两边的长短无关(小学教材到了高年级也是用叉开的程度来描述角的大小的)。但是, 教学的实际情况是, 尽管学生经历了多次这样的动手操作, 反复地比较和辨析, 但绝大多数学生仍然停留在表面上"知道"和被动接受的阶段。他们虽然能通过用两边叉开的程度正确比较角的大小, 可是并没有从心底真正认同角的大小和两边的长短无关, 潜意识还认为边长长的角夹的区域更大, 因此角也更大。当时, 我以为这只是因为二年级学生还太小, 心理和认知能力还不成熟, 没有想到四年级的学生已经学习了测量度数, 还是从心底认为∠2更大。

我询问了身边一位一起听课的年轻老师, 让她说说内心真实的感觉。没想到她竟然也说: "我的潜意识里, 感觉还是∠2大!"

我听了一惊, 心想: "一个成年人尚且如此, 那么孩子心底真实的感觉到底是什么呢? 为什么会产生这种感觉? "课下, 我立刻对这个班的学生做了访问。没想到心底潜意识里还是感觉∠2大的学生竟然占绝大多数。回到北京后，我又在我们学校的五、六年级各选了一个班分别做了调查。

调查过程设计如下：

课件出示如上页图所示的∠1和∠2，并动态演示重合这两个角的过程，让所有学生都亲眼看到这两个角大小相等。

然后，让学生做出选择：明明知道角的大小和两边的长短无关，也知道∠1和∠2大小相等，但是自己内心深处还是感觉∠2比∠1大的同学请起立。

调查的结果显示：五年级3班一共32人，潜意识里认为∠2大的有19人，比例达59.4%；六年级2班一共27人，潜意识里认为∠2大的竟然达到20人，比例高达74.1%！我本以为有这种潜意识的六年级学生会少很多，但结果让我大跌眼镜！我意识到，按照现行教材编排教学"角的大小"还存在很大问题。

◎ 根源剖析

学生为什么如此顽固地坚持上述错误认识？其根源到底是什么呢？经过反复调研，做心理访谈和对教材、教学深入分析，我发现主要成因源于以下四个方面。

一是生活直接经验的影响。

在现实生活中，小学生比较物体的大小，绝大多数是从多少个（数量）、多长（长度）、多大片（面积）和多大块（体积）四个方面进行比较的。数学上的线段、面积和体积的比较和这些生活直接经验是一致的，因而很容易理解。但是，角的大小在学生的日常生活中应用非常少，即使用了也缺乏真切、直观和容易量化的直接经验。

二是角的大小更抽象，存在边的长短和角的大小之间并不对应的"反常"现象关系。这对小学生而言是非常玄虚、难以调和、难以理解的。

长度、面积和体积在现实生活中有大量的、具体的、可触摸的、可感受的实体和具象。质量和角度相对它们而言，更为抽象。因此，角度大小的认识就比长度、面积和体积观念的建立更为困难。另外，角的大小还有一个更为玄虚的特质：角的两边无限延长，角的大小却不变！这种"线的无限、不可量化"和"角度数的有限、可量化"形成了对立关系。这对以具体形象思维为主、抽象辩证思维不足的小学生（特别是低年级学生）而言，是很难理解的。

三是在长期生活中小学生形成的"整体化"比较的习惯。

小学生从小比较物体的习惯是，以他所见物体或图形的整体来比较。他们在比较∠1和∠2的时候，自然把叉开的程度、边的长短以及两边之间所夹的区域综合成一个整体来比较。这样，实际上就误把角想象成相应的三角形去比较了。

四是我们的课程设计和教学出了问题，且这是最根本的原因！

发现问题后，我便对七种主要版本的教材关于角的编排内容做了对比和研究。我发现，现行小学数学教材关于角的编排和教学，根本就没有揭示出角的大小的本质，即角的度数的本质；没有通过活动编排和设计让学生感悟到"角的大小（度数）"到底指的是什么，造成学生对角的大小（度数）的本质不理解。这才是学生出现上述心理现象最根本的原因。

这七种小学数学教材关于"角的认识"内容都分为两段来编排。

第一段，一般安排在二年级或三年级上册（青岛版、人教版、沪教版等编排在二年级上册，苏教版、北师大版等编排在二年级下册，浙教版和北京版等编排在三年级上册）。这一段的目的是"初步、直观地认识角"——即基于现实生活，把具体实物上的角"脱胎换骨"，抽象出图形，采用对具象进行描述的方式定义（像这样的图形叫角）。角的大小一般是通过实物角（一般是学生自己动手用木条制作的角），固定一边，旋转另一边，也就是叉开的程度不断加大，角也变得更大，继而感悟到角的大小就是两边叉开程度的大小，再用不同长短的木条做成两个角度相等的角，通过重合（特别是直角的重合），来试图让学生发现、感受并理解角的大小和两边的长短无关。但是，对小学生而言，"叉开的程度"本身就是很抽象、很虚、很难理解的，而教材又试图用"叉开的程度"来解释角的大小，就陷入了一个用不好理解的表述来解释不好理解的新概念的怪圈，结果就是学生还是不理解。

以上版本都无一例外地将第二段编排在了四年级上册，采用了更抽象的静态定义（从一个顶点引出的两条射线组成的图形叫作角）。角的大小比较是通过量角器来度量它的度数，学生依靠度数直接比较角的大小。但是，学生的心理认识还是停留在以叉开的程度定义角的大小的阶段。即叉开的程度越大，角的度数也就越大，反之就越小。即使中学数学教材对角做了动态的定义——"一条射线绕着它的端点从一个位置旋转到另一个位置所形成的图形叫作角"，它也仍然没有涉及和揭示出角的度数的本质。

在以上原因的综合作用下，从小学二年级到六年级的很多学生，即使学过了角的度量，依然存在从心底感觉两边较长的角度数更大的误解。

那么"角的大小"的本质到底是什么？设计什么样的活动课程才能让学生真正理解这个本质呢？下面就简要介绍一下我的观点和设计。

◎ 对"角的大小"本质的定义

我认为角的大小，即角的度数的本质，应该是方向改变的程度。因此，我这样重新定义角的大小：角的边围绕顶点旋转，其改变方向的程度就是角的大小，即角的度数。由此推之，角的大小既属于图形的认识中量与计量的教学，也属于方向与位置的教学，应该用于描述、衡量物体方位变化时方向改变的程度。当然，除此以外，描述、衡量方位还有距离等其他属性，但这些属性与"角的大小"无关。

◎ 在操场上做"角的大小"新探学习活动

设计什么样的课程和教学才能揭示，并让学生很好地理解和感悟到角的大小的本质呢？我是这样来领着学生一起学习的。

①提前做两个巨型的量角器，铺在操场上。

②准备几根长棍当作角的边。

整个新探学习活动一共由五个模块组成。

●模块一：三人转动

① 首先是三个学生同时手持一根长棍（角的一边），面向正南方（站

在零刻度线上）。通过比较，学生发现，他们和角的顶点的距离不同，但是他们面对的方向完全相同，都是正南。

② 接着是三个学生跟随"边"围绕顶点转动。全体学生一起观察、比较和体会三位同学距离角的顶点的位置、走过的路程、划过的区域和面对的方向（在旋转过程中）。对这三位同学而言，有什么改变始终都是一致的、同样的？

第一次辨析点是在三个学生走到 45 度这个刻度时，我让三个学生停下来，请其他学生比较这三位同学距离角的顶点的位置、走过的路程、划过的区域和面对的方向。经过观察和讨论，他们发现，尽管这三位同学与角的顶点的距离不同，走过的路长短不同，划过的区域不同，但是，他们方向的改变程度完全相同，都是从一开始的面向正南，变成了面向东南。这个 45 度，就是描述方向由面向正南变成面向东南的改变程度的。也就是说，这三位同学方向的改变程度都是 45 度。

③ 围绕顶点转动到 90 度时，比较这三位同学距离角的顶点的位置、走过的路程、划过的区域和面对的方向。经过观察和讨论，他们发现，尽管这三位同学与角的顶点的距离不同，走过的路长短不同，划过的区域不同，但是他们方向的改变程度完全相同，都是从一开始的面向正南，变成了面向正东。这个 90 度就是描述方向面向正南变成面向正东的改变程度的。也就是说，这三位同学方向的改变程度都是 90 度。

④ 围绕顶点转动到 135 度时停下来观察和分析。这时候，学生被激起了浓厚的兴趣，主动提出继续转下去。经过实验、观察和分析，他们认识到当转动到 180 度、270 度和转动一圈时，尽管三位同学与角的顶点的距离不同，走过的路长短不同，划过的区域不同，但是他们方向的改变程度完全相同，都同样是从一开始的面向正南，依次变成了面向正北、正西和回归到正南。

● 模块二：八人转动

我换了一根更长的棍子做角的一条边，同时让 8 个学生经历模块一的过程。比较所有学生，特别是距离角的顶点最近的第一位同学和最远的第八位同学，再次发现，8个人从一开始面向正南，随着角的大小变化，尽管他们与角的顶点的距离不同，走过的路长短不同，划过的区域不同，但是他们方向的改变程度完全相同，从而进一步感悟到角的大小就是他们方向改变的程度，改变方向的程度对应着相应的角的大小。

●模块三：学生分组自己体验（略）

●模块四：想象

① 想象这根棍子（边）有无限长，有无数个人跟随它转动。分别转动到 30 度、90 度、180 度、360 度的时候，每个方向的改变是不是一样的？都朝向哪个方向？

② 根据方向的改变，思考变化角度的大小。

●模块五：课堂新探

回到教室，在课堂上，我再用木棍做活动的角，并借助课件演示，让学生进一步感受角的大小就是方向的改变程度。从具体的实际活动到图形，再到学生的心理图式，帮助学生进一步理解、巩固和进行抽象。课件上边的动态变化如下图所示。

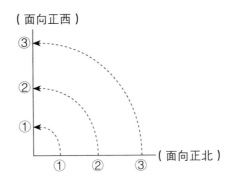

◎ 这样学习带来的改变

第一，该定义重新界定了小学阶段角的大小的本质，把角的学习从

"图形""量和量的计量"的学习领域拓展到"方向和位置"的学习领域。这是对小学阶段"角的课程编排和角的教学设计"的创造性阐述和突破，填补了现行小学教材和教学的空白。

第二，该定义和活动课程设计更便于学生深刻理解角的大小的本质，避免了现行教材编排和相应教学的弊端——学生对"边长和角的大小无关"不能真正从心底认同。

第三，学生经历过这样的新探学习活动后，再提到角的大小，立刻想到的具象是边上跟随的每个人的方向的改变程度，而不再考虑其他元素，真正实现了把角的大小从边的长短和边上每个点旋转过的轨迹长度，以及两边所夹的区域中剥离出来，一下子就能触摸到角度的本质，独立而清晰。这样，学生对角的大小的本质认识就理解得更深刻了，能够在生活中正确、自如地应用了。

第四，该定义和新探学习活动不仅形象、具体地展示了角的大小实际就是方向改变程度的大小，同时也让"角的大小"和"角的本质概念"和谐一致，完美统一。

第五，该定义和新探学习活动打通了各种角之间的区别和联系，有利于学生对角从整体上感知和认识，为后续的学习做了充分、全景的数学经验准备。

学生经历了这样的新探学习活动，更有利于他们未来学习和理解后续的学习内容；能充分认识和理解 90 度角和 270 度角的不同；能充分体会到 360 度是旋转一周的回归，和 0 度截然不同；能充分理解 180 度角的两边虽然在一条直线上，但并不等同于一条直线，且两条边的"面向"截然相反；更有利于厘清 1 度角、锐角、直角、钝角、平角、270 度角和周角之间的关系；更好地理解 1 刻度的由来和定义；更有利于四年级的角的度量教学，直接从把一个圆平均分为 360 份开启……

可以说，正是对角的大小的本质的重新定义和这样的新探学习活动，盘活了小学很多与角度相关的学习内容，让这些内容的编排、教与学，有了一种新的视角和可能。

数 的 运 算

［案例 9］估为"的"，算为"径"：估算就要这样学

估为"的"，算为"径"，就是说在估算中，计算只是估的路径和手段，而结合实际背景对数量的估量、权衡和量度才是其核心和目的。

我和小学三年级（5）班的孩子一起探究了多位数乘一位数的估算，虽然他们列举的个别例子稍显牵强，但那是学生独立的思考，对估算的意义真实、充分的感悟。也正因为这样"放任"学生在"实际"中自由地思考和行动，才很好地达成了预设的教学目标。

◎ **教学预期**

① 算理与算法：让学生在辨析中理解多位数乘一位数的估算算理，掌握估算方法。

② 分析和选择：让学生在具体的实际情境中，在估算与计算的关联中，学会辨析和选择精确计算与估算的场合；是取上限，还是下限；以及选在哪个数位上取值进行估算，初步获得具体问题具体分析的意识和经验。

③ 经过估算课的学习后，在后续的调查和应用中，让学生进一步感悟到估算是对于数量的运算的本质，初步认识到估算的意义和价值，初步养成用估算衡量相关生活问题的意识和习惯，具备解决相应问题的能力，提高相应的数学素养。

◎ 新探学习活动实录

• 新探学习活动一：我来批卷
学生每人批改一份动物写的答卷，并说明原因。

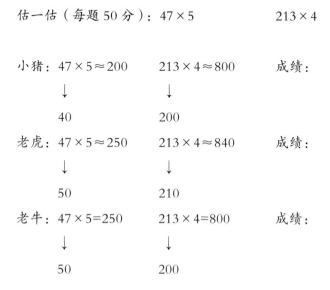

估一估（每题50分）：47×5　　　　　213×4

小猪：47×5≈200　　213×4≈800　　成绩：
　　　　↓　　　　　　　↓
　　　40　　　　　　200

老虎：47×5≈250　　213×4≈840　　成绩：
　　　　↓　　　　　　　↓
　　　50　　　　　　210

老牛：47×5=250　　213×4=800　　成绩：
　　　　↓　　　　　　　↓
　　　50　　　　　　200

• 新探学习活动二：直言我思、我想
教师提醒学生认真倾听同学的想法，并默默地和自己的想法做对比。

① 小晞评分：50分、50分、100分。

小轩评分：50分、50分、0分。

小城评分：50分、100分、0分。

② 每个人阐述自己的评分依据。

小晞：47最接近50，应该把47看成50来算，小猪看成40，所以错了；213应该看成200，老虎看成210了。老牛把47看成了50，213看成了200来算，都对了。

小轩：给小猪和老虎的分数我想的和小晞一样。老牛虽然都算对了，但是符号用错了，估算是大约的结果，不是实际的，应该用≈，不能用=。

小城：小猪错在把47看成了40，应该看成50；老牛错在用错了等号；

213 可以看成 210，看成 210 乘 4 算，也是估算，所以我认为老虎的成绩是 100 分。

③ 小组内以学号为序交流看法、想法，以小组为单位反馈组内达成一致的意见和有争议的问题。

学生达成三条一致的意见：

① 47 要看成 50，只要个位满五，都要看作比这个数大的那个相邻的整十。

② 估算时，把 213 看成 200 是对的。

③ 估算的要用"≈"，不能用"="。

有争议的问题：

213（210）× 4 ≈ 840，有人认为是对的，理由同小城。也有人认为不对或不完全对，理由是：因为估算是最简单地算，把 213 看成 210 算，不如看成 200 算更简单。（教师提取问题：估算只是最简单地算吗？）

● 新探学习活动三：我会应用，我来辨析，我做选择

1. 估算只是最简单地算吗？ 213 只能看成 200 吗？

让学生尝试举一个把 213 看成 210 进行估算的实际问题，没有人回应。于是，教师出示两个问题让学生判断，哪个该看成 200，哪个该看成 210？为什么？

① 食堂传菜的小电梯厢最大载重量为 1000 斤，食堂运来 4 筐土豆，每筐 213 斤，这些土豆可以用小电梯一次运送吗？

② 体育老师逛体育用品商店，看中了一种乒乓球拍，一副 213 元，体育老师身上只带了 840 元，买 4 副这样的球拍够吗？

学生很快回应道：

第②题的一副球拍如果看成 200 元，需要的钱数就会估算成 800 元，容易错误地认为带 840 元一定够；看成 210，很快估计出需要的钱一定超过 840 元，因为还有 4 个 3 元，可以判定不够。

师：你现在还认为估算一定是最简单地算吗？为什么？

学生自己悟出，要根据问题的具体情况决定，有的需要看成整百，有的要看成几百几十。这些题解决了争议，完善了达成的第二条意见。

2. 下面哪道题要用精确计算解决？哪道题可以用估算解决？为什么？

① 篮球每个 98 元，体育老师打算去购买 7 个这样的篮球。体育老师到财务室支取多少钱去商场比较合适？

② 体育老师到商场收银台付款，收银员要收体育老师多少钱？

③ 每艘船最多能运载 98 人，现在有 7 艘这样的船。如果你是军长，你一次大约派多少名军人同时乘船渡江？

学生通过独立思考、试做、讨论和争辩，明确以下几条意见：

①第 3 题可以估算，是从题干中的"大约"看出来的。

②第 2 题必须精确计算。第 1 题可以精确计算，也可以估算，选择估算更简便。

③第 1 题可以估算，把 98 往高估，因为买东西最好要多带点儿钱；第 3 题要往低估，因为这样才安全，才能解决问题。

小涵：老师，这么说小猪的 47（40）× 5 ≈ 200 也可能是对的。

师：同学们明白小涵的意思吗？琢磨一会儿。

小豪：明白。比如，每条船只能运 47 头小猪，估算 5 条船大约可以运送多少头猪。把 47 看成 50 的话，船就会沉了，看成 40 估算是安全的。（学生鼓掌表示认同。）

小熙：老师，买乒乓球拍的题，我有一种新的解法——把 213 元看成 220 元，估算是 880 元，体育老师只带了 840 元，所以不够。（全班自发鼓掌。）

3. 用估算检验计算。

师：不仅仅在解决实际问题时会用到估算，用估算检查计算结果是不是正确时，也面临选择。

① 出示：

计算：362 × 2=
小猪：362 × 2=524
老虎：362 × 2=824
老牛：362 × 2=724

师：你能在不计算的情况下很快判断出谁一定是错的，谁可能是对的吗？

学生立刻否定了小猪和老虎的答案，他们的理由是：362 相邻的两个整百数分别是 300 和 400，300 × 2=600，400 × 2=800。由此断定，362 × 2 的计算结果一定在 600 到 800 之间，不可能比 600 少、比 800 多。因此，小猪和老虎的答案是错的，而老牛可能是对的。

② 用估算填空：

第 1 题：62 × 9 的积在（　　）和（　　）之间，但是和（　　）更接近。
第 2 题：69 × 9 的积一定在（　　）和（　　）之间，但是和（　　）更接近。
第 3 题：389 × 9 的积一定在（　　）和（　　）之间，但是和（　　）更接近。
第 4 题：317 × 2 的积一定在（　　）和（　　）之间，但是和（　　）更接近。

第 4 题学生出现四种不同的填法：
一是在 600 和 800 之间，但是和 600 更接近。
二是在 600 和 640 之间，但是和 640 更接近。
三是在 620 和 640 之间，但是和 640 更接近。
四是在 600 和 700 之间，但是和 600 更接近。

这些合理且灵活多样的估算答案，学生不同的量纲选择，以及对同样量纲不同近似数的选择，反映了学生经过课堂的交流和研究后，对估算有了更深层的理解，同时也反映了学生不同的计算智慧、计算个性和计算能力。

●新探学习活动四：自我反思

师：现在你对估算的印象和原来比，哪里不一样了？

生1：我原来以为只有带"大约"的问题才能用估算，现在知道主要是根据实际情况看是否适合用估算。

生2：我知道了估算不一定找最接近的那个整十数或者整百数。有时要看成小的那个，有时候要看成大的那个，反正要根据实际情况。（学生自我否定了此前达成的第一条意见。）

生3：估算不仅能解决实际问题，还能让我们检查我们的计算。

生4：估算让我们很快解决问题，但是估算并不是最简单地算。

…………

教师再次引导学生观察第一个环节中他们批阅的估算，引导学生思考。

师：没有看到要解决的实际问题，你能判定这三个动物估算得对错吗？

生：不能，一定要看问题的实际情况。

师：猜一猜如果是小猪得了100分，该是什么样的两个实际问题？如果是老虎得了100分呢？

（学生编题，略。）

●新探学习活动五：我会用它来生活

① 再次审查课前调查的生活中用到乘法估算的现象和事例，看看到底该如何估算。

② 尝试建立一个生活中的估算记录本，记下这个学期你在哪里用到或见到了估算，把它用自己喜欢的方式记录下来，并和同学交流。期末评选"最有估算眼光的估算集"。

【说明：教师将在以后的学习和生活中陆续地展示和交流学生调查的典型估算问题，以期在长期的关注和应用中培养学生更强的估算意识、习惯和能力。】

[案例10] 战"0"七雄全景录：连续退位减法

劳动节放假前一天，学生刚学习完连续进位加法。假期，我让学生尝试跳过不退位减法、被减数无0的退位减法，直接浪漫研究"4000-3258"的笔算，并尝试用自己喜欢的方式（故事、戏剧、漫画等）表达清楚计算的过程和其中的道理。

5月6日一早，我和徒弟迅速浏览学生的研究状况，分类分组，让他们提取自己解决问题的核心策略，给自己的解决方案取一个名字，并商议如何用最合适、简洁的方式把自己的做法讲明白，为上课分享、交流做好准备。随后我们开启了学生的"非常"学习之旅。

一上课，我直接在黑板上板书了算式 4000-3258=_____，抛出本课的两个核心问题："你是怎么计算的？每一步，你是如何思考的？"我们的计算新探学习活动开启了。

在学生演示的过程中，其他同学可以随时发难、质疑和辩驳。

做足准备的学生争先恐后，七个小组（七个派别）都畅所欲言，主动阐述，互相质疑，积极回应。课堂恍若战场，七派互相启发，又互相"讨伐"，宛若战国七雄争霸，过程异彩纷呈，令人惊叹。

◎"从前往后派"拔得头筹

"从前往后派"的想法是这样的（见右图）：0减8、0减5、0减2都不够减，所以从4个千退1个千出去，就变成了3个千。从千位起，3-3=0，0可以不写；百位有了从千位退的1，百位上就来了10；十位也不够减，要留1个百退给十位，还剩下9个百，9-2=7；刚刚百位给十位留了1个百，就是10个十；十位还要给个位留1个十，还剩下9个十，9-5=4，个位用十位留给它的10减8后得2。

从前往后派

4000-3258=

```
  4 0 0 0
- 3 2 5 8
---------
    7 4 2
```

同学的质疑和此派同学的回应如下。

质疑：不该从前往后减，应该先从个位算起。

回应：个位不够减，怎么从个位算起呢？得从千位算起。退的1个千，就是 1000，1000 直接减 8 怎么写呀？

质疑：从前往后做也行，就是还要想着后面，很累，也很麻烦。

回应：后面都不够减，没法算，麻烦也要从前往后算起。

◎ "假装派" 谁与争锋

"假装派"说他们从后往前算，把 0 假装不是 0，个位 0 不够减，向十位借；十位是 0，按理是不能借的，但是，可以先假装十位的 0 就是 10，借给个位；个位就是 10-8=2。

十位减 5 的时候，减不了了，就再假装百位有 10，借给了十位 1 个百，来了 10 个十，但是，它要去掉刚才提前借给个位的一个 10，还剩 9了。千位上的 4 借 1 个千给百位变成 10 个百，因为它之前也借给了十位 1个百，就剩下 9 个百了。千位被借走 1 个就变成 3 了。

学生提出三个质疑：

① 很奇怪呀，个位的 0 变成了 10，十位和百位的 0 怎么变成了 9 呢？

② 0 就是 0，怎么可以假装是 10 呢？

③ 百位的 0 假装成 10 了，为什么还要向千位上的 4 借 1 呢？

"假装派"辩解：那是因为 0 没有，从千位上借 1 千，"假装"就不假装了。

个别学生认可这种方法，但更多的学生表示这种假装的办法也能算对，就是没听懂。

◎ "涂改派" 孤独求败

小琪自成一派——"涂改派"。她说她请珠子来帮忙。4 个千减去 3个千得 1 个千，把 1 个千退给百位，就变成了 10 个百，这样，千位上就一个珠子都没了，可以涂掉。百位上 10 个珠子减去 2，还剩 8 个，退 1 个百给十位，所以把 8 涂掉，改成 7。然后十位上就有了 10 个珠子，减去5，还剩下 5 个珠子，又得退给个位 1 个，所以把 5 涂掉改成 4。最后个位不用退给别人了，就是 10-8=2。（如下页图所示）

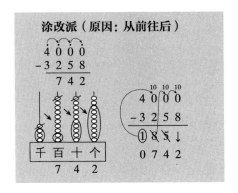

师：现在我们一起把小琪的做法翻译成竖式，大家就会发现非常有意思的现象。第一步她把千位上的 3 去掉，还剩几颗珠子？

生：1 颗。

师：也就是还剩下 1 个什么？

生：还剩下 1 个千，就在千位上得 1。

师：接下来要怎么办？

生：百位不够减，要把它退给百位。

师：千位的得数要怎样？

生：要涂掉，改成 0。

师：千位的 1 退到百位上变成几了？

生：10。

师：为什么？

生：1 个千就等于 10 个百。

师：接下来怎么办？

生：10-2=8，得数写 8，8 还要退一个百给十位，把 8 涂掉，改成了 7……

小硕质疑："涂改派"要不断涂改前面的得数，太麻烦。（很多学生表示支持和赞同。）

师：对！从高位往低位减就会出现这种麻烦。后面的低位不够减，就要退位，一退位，你只能再修改高位的数。

◎"借借借派"横空出世

"借借借派"说他们是从个位开始减的，个位上的 0 减 8 不够减，就向十位借，十位没有就向百位借，百位也没有就向千位借，千位上有，就借给它们了。千位借 1 给百位，在百位上就变成了 10；百位再借给十位 1，百位就变成了 9；而百位借给十位的 1，在十位上就是 10；十位再借给个位 1，十位变成 9，个位就变成了 10。这时候就都能算了，个位得 2，十位得 4，百位得 7，千位得 0，不用写了。（如右图所示）

师：我们一起用这种方法试一次。（学生试做题。）

最后，学生达成共识：第一个退位点不是点在十位的 0 上的，因为没有 1 可退，应该是在千位的 4 上点退位点，这样百位的 0 已经不是 0，变成了 10 个百，就可以退一个百给十位了，所以第二个退位点点在百位的 0 上。同理，第三个退位点点在十位的 0 上，而个位的 0 不退了，就不点退位点了。

【说明：此法是每个学生必须理解、掌握的核心方案，因此每个学生都要经历一遍。让每一个学生认识到必须先从千位开始退位，其他位才有的退。】

◎"故事派"剑拔弩张

"故事派"讲了这样一个故事（如右图所示）：从前有 4000 个兵，要打 3258 个土匪。个位上的 0 去打 8，打不过，就向十位上的 0 借兵。十位上的 0 说："我没有，不过你等一等，我向百位借，然后再借给你。"于是十位上的兵向百位去借了，百位上的 0 说："我也没有，不过别着急！我去找千位借。"于是借来了 1 个千，就变成了 10 个百，10 个百又借 1 个百给十位，还剩 9 个百。十位就变成了 10 个十，10 个十借 1 个十给个位，十位还剩 9，个位就变成了 10。10 个兵去和那 8 个土匪打，还剩 2 个看守阵地。十位上剩 9 个兵，派了 5 个去打 5 个土匪，还剩 4 个看守阵地；百位也有 9 个兵，派 2 个兵去打 2 个土匪，还剩下 7 个看守阵地。

师：这个故事实在是太好了，用了"打土匪"的比方！不过，把个位的 2 和百位的 7 看成同样的兵不大合适，为什么？

生：7 应该是 7 个百。

师：对！我们是不是可以这样打比方：个位是兵，十位是班，一个班在这里就是几个兵？（10 个）百位借的是一个连……

◎ "戏剧派"迷倒"众生"

此派把算的过程演了出来——

小硕饰演司令，伸出 4 根手指；小宁饰演连长，用双手围成一个圈表示 0；小阳饰演班长，也用双手围成一个圈表示 0；小柠饰演士兵，也用双手围成一个圈表示 0。（如右图所示）

第一幕：个位向十位求助。

士兵小柠（个位的 0）：啊，是 8！班长，我打不过，怎么办？

班长小阳（十位的 0）：我可以帮你。

士兵小柠：你也没有呀，怎么帮我呢？

班长小阳：对呀！我先向百位寻求帮助吧，回头再帮你。

第二幕：十位向百位求助。

班长小阳：连长，个位的 0 受欺负了，我们帮助她一下呗，请借我一个连。

连长小宁（百位的 0）：我也没有呀，怎么办呢？

班长小阳：你一定有办法的！

连长小宁：那我向千位的司令求助吧！

第三幕：百位向千位求助。

连长小宁：司令，能借给我 1 个千吗？我想帮助十位和个位。

司令小硕（千位的 0）：好的。我有 4 个千，借给你 1 个，我还剩 3 个千呢！

第四幕：乐于助人，大获全胜。

连长小宁：得到你借给我的 1 个千，我就有 10 个百啦，我现在就是 10。（高兴得跳了起来，然后对班长小阳说）我现在有 10 个百，借给你 1 个百，我还有 9 个百。

班长小阳：谢谢你！我得到你的 1 个百就变成 10 个十啦！借给个位 1 个十，我还有 9 个十。

士兵小柠：谢谢你！我得到你的 1 个十就变成 10 个一啦！10-8=2，我胜利啦！

班长小阳：我现在其实是 9，我要和 5 打，9-5=4，我也胜利啦！

连长小宁：我现在其实也是 9，9-2=7，我也胜利啦！

合：我们最终的战果是 742。谢谢大家！

"戏剧派"表演后，学生暂时没有别的想法了，但是，通过六派的交流碰撞，全班所有学生都透彻地理解了被减数有 0 的连续退位减法的算理，彻底突破了这个学习难点。于是，我让学生乘胜巩固战果，进行同胚类型的题目检验和测试，让学生挑战计算"1000-208""4030-1580""4118-1019"三题。没想到在反馈"4030-1580"的计算过程时，又诞生了小豪的"负数派"。

◎ "负数派"横扫千军

小豪认为，3 减 8 不够减，向百位的 0 退 1，点上一个点，0 减 1 就变成了 -1；-1 减 5 不够减，就在千位的 4 上点退位点，退 1 个千，就是 10 个百，10 被 -1 抵了 1，还剩下 9，9 减 5 就等于 4……（如右图所示）

教师引导学生认识：按照"负数派"的想法，退位点，第一次可以点在百位的 0 上，第二次可以点在千位的 4 上。

◎ 师长出手，万法归宗

全景式数学教育在尽最大努力向学生呈现全景、多维视角的同时，还十分重视各种方法的打通，让学生进一步提炼更上位的共性和规律，深度理解，深度数学化，并对记忆和数学知识结构进行优化、简化，让学生的思维从多元走向多元又深刻。

学生经过比较发现，不管哪一位不够减，都是从它前面那一位退；退的 1 都当作 10；0 被退位后，就不是 0，而是 9 了。竟然还有一个学生写出了这样一个式子：0=9。

我顺手在 0 的头上点上一个退位点，并写了一个顺口溜："0 退位，变成9，可别当作它没有。"下课了，各派又聚在一起，拍手唱念顺口溜，兴高采烈地离开教室，上体育课去了。

整数的认识

"数的认识"是小学数学中比重最大、最基础、最重要的内容之一。我把它分成两部分，提供 4 个案例来说明，为的是给老师们提供尽可能多的样本。这里先呈现第一部分"整数的认识"的 2 个案例。

[案例 11] "5 的分合"新探学习活动

这个课例是全景式数学教育把数学学习活动化、游戏化和故事化的经典尝试之一。它由"暖场、初探、深究、压缩、勾连、游戏"6 个环节构成。

◎ 暖场

教师用大屏幕依次投影显示 5 粒花生米，学生静静地数，最后 5 粒花生米组成数字"5"。

教师接着出示一条裤子，学生一片哗然。

师：裤子和花生米发生了什么故事？请看图（略）。小蚂蚁要把 5 粒"花生米"（其实是盒装的 5 个皮球），倒进裤子的 2 个洞洞里（将盒子一边搭在裤子上，作将要倾倒状），猜猜每个洞洞里可能会倒进几个？

在学生热情的猜测中，教师把皮球倒进了裤子里，皮球分别从两条裤腿中滚出……。结果出来后，一些学生呼喊："我猜中了！我猜中了……"（没猜中的学生要求再来一次。）

【说明：情境的故事感越强，故事结局越适度的不确定，就越能激发学生探究的好奇心和学习的兴趣。花生米、裤子、蚂蚁，这些童话情节，以及不太确定的故事结果，为学生营造了一个有意外、很好玩、很有童趣的戏剧情境。从学生现场的反应看，它很好地实现了暖场和激情引入的设计目的。

之所以把花生米故意换成皮球，有两重意图：一是方便操作和观察；二是渗透"以物代物"的研究策略。学校学习时空的特定性决定了很多实际物体不能搬进课堂，"以物代物"是数学研究和学习最常用的策略之一。课堂的教学实况是，所有学生此时全都瞪大了眼睛，并随之露出了会心的微笑，表示认可——儿童想象和喜欢童话的本能，让他们从心底接纳"这就是花生米"的假设，而且这样比真的花生米更有吸引力。】

师：那就再来一次？（学生激情以待。）

结果，又一拨人喊起来："我猜中了，我猜中了……"（一些学生再次要求重来一次。）

师：下课前我会让你们亲自动手倒的。现在，老师就再来一次！倒之前，请你先猜一猜：这一次有可能会出现哪些不同的结果？

【说明：在观察、操作等活动中，让学生提出一些简单的猜想是第一学段数学思考方面的重要目标之一。在第三次倾倒之前，先让全班学生思考和交流"可能会出现哪些不同的结果"，能引发学生开始对现象背后的数学问题定向关注，培养学生积极主动猜想的意识。】

◎ 初探

师：到底有哪些不同的结果呢？你可以随意用什么东西来代表花生米，然后用你喜欢的方法摆一摆、画一画、试一试，研究其中的奥妙。

学生自己动手摆、画、研究，教师在教室里游走，了解学生的操作情况，收集和筛选学生生成的教学资源，并提醒已完成的学生自己先自由组合，悄悄交流。

【说明：通过提出一个核心问题（可能会出现哪些不同的结果），启动一个任务（研究其中的奥秘），把学生从游戏引导到研究"裤子洞洞现象"背后的数学问题。因为前期的暖场已经充分唤醒了学生的状态，此时，教师应充分放手，让学生自己研究。这样既能保持挑战性的趣味，发挥学生的能动性，又能充分暴露学生的思维原态，便于教师对学生思维状况有更多的了解。】

学生自由交流。教师呈现学生的两种典型画法——一种是有序的，一种是无序的；并让学生比较两种画法，谈感觉。

【说明：有序思考是本节课的策略和方法方面的目标，很重要。通常的做法是，教师在操作前就让学生先想一想，怎么摆才能不重复、不遗漏，想好了再摆。其实，有序思考不能像这样硬生生地塞给学生。课堂上，我没有让学生提前想好再做，而是不加任何限制，顺其自然，完全放手让学生自己自由操作和研究。在学生自然生成的资源中，再筛选、呈现不同的真实创作，让他们在比较中自主地感悟和发现。这是让学生第一次感悟有序操作和思考，不必过于强调。在接下来的教学中，我又连续几次设置了对有序思考的感悟环节，促使有序思考在学生递进式的感悟中自然、自主地不断生长、强化和提升。

需要注意的是：在比较中，让那些没有采用有序操作、有序思考的学生感悟到有序的同时，又以适当的方式呵护他们的尊严，并进行积极的引导和鼓励，从而让所有学生都能不顾忌正误，愿意表达自己的真实想法。

在这里，我不是让学生评价好在哪里，而是让他们谈自己生发的真实感觉。这样，他们就没有"好标准"的压力，才能真实地坦陈自己的想法。一年级学生刚入学，先让他们敢于表达感觉，这样才能慢慢地学会表达感觉，学会评价。】

在摆学具研究的学生中，教师选取那些摆放有序的学生进行现场演示，并引导学生评价。（学生谈话，略。）

【说明：这是让学生第二次感受、感悟有序操作和有序思考。】

◎ 深究

师：如果用"○"表示花生米，你还会研究吗？

学生使用下面的材料开始独立研究，教师依然全场游走，了解学生的研究情况，收集、筛选生成的教学资源。

用"○"表示花生米，分一分，填一填。

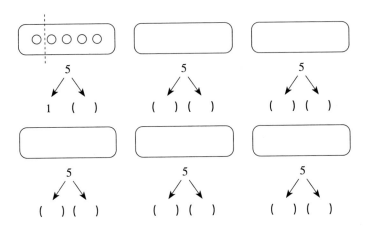

【说明：从前面的"以物代物"过渡到现在的"以符号代物"，让学生跳出具体物体的限制，尝试用符号来代替具体物体进行数学研究，这是我们数学教育要始终坚持、不断渗透和培养的重要目标。同时，它也是发展学生抽象能力和不断求简意识的重要手段。5的分合这种学习方式，只要学生彻底掌握了，那么，下一节课4、3、2的分合就可以完全放手给学生，让他们自己用喜欢的、简便的方式去探索了。】

教师呈现学生的两种研究结果（一种是有序的，一种是无序的），再次让学生进行比较和谈自己的感觉。

【说明：这是让学生第三次感悟有序思考和有序操作。】

◎ 压缩
教师出示全班学生通过交流认可的结果（见下图）：

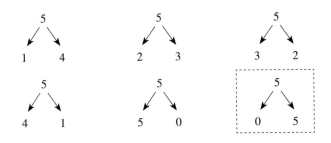

【说明：这个呈现顺序是学生深究的实际情况。课堂实际情况是：学生都是从往一个洞里倒1个，另一个洞里倒4个开始试的，而不是从0开始；当学生想往一个洞里倒5个，才会考虑另一个洞里一个不倒，即0个。多数学生没有出现虚线框内的最后一组情况，而是后来通过交流和讨论，才达成了这样的共识。】

师：要想记住它们，你有什么好办法？记一记，试一试。（这是第四次感悟有序。学生依次交流了"成对记忆"、前面的数按"从小到大"或"从大到小"的记忆方法。）

师：用同学们交流的方法试一试，看看哪个方法最适合你。

【说明：2—10的分合是学习"数的认识与运算"必须落实的核心任务之一。学生只有熟记成诵，达到自动化，才能高效地用于运算，为下面的学习和正确、快速地运算加减法奠定坚实的基础。但是，这些目标的达成，绝不能让学生通过死记硬背来完成。我是先让他们自己发现和交流好的记忆方法，进行分享并当场试用。在后面的环节中，我还要引导他们经历压缩和勾连的过程，让他们在有趣的游戏和活动中记忆5的分合。】

师：（追问）6组太多了，的确有些难记，我们能不能砍掉一组？想一想把哪一组留着、哪一组砍掉？为什么？

学生通过交流最后保留了下面三组：

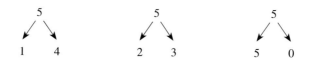

【说明：这是一个让学生经历合并、压缩、求简和优化的过程。类似的过程经历得多了，学生就会慢慢感悟到这种策略，并学会应用，继而养成自觉简化和优化自己的数学知识结构的意识，从而减轻学习负担，提高学习效率，提升学习能力。】

◎ 勾连

● 与身体的勾连

师：同学们，想不想看看杭州的小朋友是怎么用手来记的？

师：（带着夸张的表情，边做竖起大拇指的手势）你真棒！能表示5可以分成几和几？

生：（边做手势边呼喊）1和4，4和1。

此时，学生兴奋起来，纷纷做手势，说组成。

教师把一根食指放在嘴边，嘘了起来。学生安静了下来，教师却诡异地笑着摇起了手，继续做"嘘"的动作。

生：（片刻后忽然明白，立刻呼喊）也是1和4，4和1。（学生又"乱"开了！）

教师用手模仿手枪，"砰！砰！砰"对着"乱"的学生打了起来。

生：（马上恍然大悟）5可以分成3和2！5可以分成2和3！

此时，全班沸腾，"枪手"林立，"枪声"四起。

师：（伴着音乐跳起了孔雀舞）这时5可以分成——

生：（也随之翩翩起舞）5可以分成3和2，5可以分成2和3。

师：（屏幕展示4种手势图片）你喜欢用哪种方式记住5的分合？试试看。（学生兴奋地自由演练。）

◎ 与汉字的勾连

师：（出示：打、示、业、禾、叭、白、立）你能用认识的哪一个字的笔画记住5的组成？

生："打"一共5笔，左面3笔，右面2笔，表示5可以分成3和2。

"禾"上面的撇是1笔，下面的"木"是4笔，表示5可以分成1和4。

…………

这是将数的分合与语文教学勾连。从此以后，语文教师在教学生识字时，又多了任务和目标：帮助学生巩固数的分与合。

【说明：心理学证明，把抽象的知识和形象的图像连接在一起最容易理解和记忆。勾连这个环节的主要目的，就是让学生在脑海里建立一个记忆的图像。学生在玩手指、找汉字和分析汉字的过程中，再次经历和体验5的分合的历程，真实可感，印象深刻。这样的活动，让数学学习在变得好玩的同时，也变得更容易理解、掌握、检索、提取和应用。】

● 书面练习

按顺序填一填。（如下图所示）

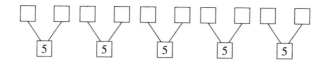

【说明：这时候，教师明确地提出了按顺序填一填，让学生第五次经历和体验有序思考。】

◎ 游戏

● "倒球入裤"

让学生亲自操作"倒球入裤"的实验，看看会不会出现"5的分合"以外的结果。（学生实验情况略。）

【说明：再次实验为的是让学生用"5的分合"反观和审视"5球入裤"的结果，促进学生感悟到"5的分合"就是这种现象背后的规律（本质），体验数学的价值和魅力。】

● 踩数游戏

每张A4纸上印有5个圆点，三四个人一组，每组选一人随意踩住其中的几个圆点，该组剩下的几个学生通过露在外面的圆点，说出踩住了几个圆点。反应快、做得快的学生获胜。（学生活动情况略。）

【说明：教育始终是基于心理和情感活动的认知过程。"未经过人的积极情感强化和加温的知识将使人变得冷漠，由于它难以拨动人们的心弦，很快就会被遗忘。"（苏联教育家斯特卡金语）合理地、科学地将低年级的数学学习故事化、游戏化和活动化，能有效地营造出一个强力的学习磁场，充分拨动每一位学生的心弦，最大限度地激发他们的学习热情，建立起丰沛的数学学习情感，让抽象的数学本质变得更加具象，让数学学习变得好玩、好学、好用，成为一种享受。】

附：5 的分合该不该包括 5 和 0？

每次执教"5 的分合"公开课后，都有老师和我交流这个问题，我的回应简述如下。

我认为包不包括都可以。这取决于你对分合的理解和对后续问题的处理。在现行教材中，包括 0 和不包括 0 这两种情况都有。我为此查阅了浙教版、苏教版、北京版、青岛版、人教版和北师大版 6 种版本的教材。前 5 种教材编排中都不含 0。但北师大版教材将 1—5 的分合融入加减法的认识和运算之中；6—10 的分合也是与加减法结合在一起，不同的是：从 6 开始，北师大版以例题的形式专门研究和呈现了分与合，如下图所示：

6	0	1	2	3		5	
	6	5			2		

其中，6 的分合包括了 0 与 6 本身，后续的 7、8、9、10 的分合都包括了 0。

我在研究了以上 6 种版本教材的编排思路后，经过反复斟酌，决定还是借鉴北师大版的编排方式，引入 5 可以分成 0 和 5。理由如下。

第一，数学知识的产生和发展，外源于生活需要，内源于数学本身的发展，学习目的亦是如此。那么，数的分合的目的是什么？其核心目标当然是后续的 10 以内和 20 以内数的加减法计算。数的分合既是学习数学本身的需要（计算的封闭性），也有很多日常生活的原型。

计算方面：学生在自然数范围内要对"5是哪两个数的和"做出完整的思考和解答，其中必然要涉及0与5的问题。$\overset{5}{\swarrow\searrow}_{5\ 0}$是学生后续学习5+0、5-0和5-5意义理解和计算的基础，0的引入能使相应内容的数学学习更具有整体性和完整性。

现实原型：本节课将5粒"花生米"倒入"裤子洞洞"就是。生活中这种原型比比皆是。比如，用5个环套圈，打5个气球等，不胜枚举。

第二，不能把数的分合完全等于分配实际的物体。

有的老师坚持认为，"把5个苹果放在2个盘子里"这句话的本意是2个盘子都必须放苹果。如果出现5可以分成0和5，其实就不符合把5个苹果放到2个盘子的要求。

我认为这个问题应该这样理解。

我们的教学目标决定了情境和素材的选择，而不是为了情境去选择目标。如果我们定下的教学目标包括5可以分成5和0，那么我们选择的例子是诸如"5只小狗在窝里窝外各几只"这样的原型；如果我们定下的教学目标不包括5可以分成5和0，只是认识其他样式的分与合，类似"5个苹果放在2个盘子里（2个盘子都必须放）"的原型可能就是你该选择的最佳情境。

事实上，很多教材并没有添加诸如"2个盘子都必须放"的备注，而在实际生活中，也确实存在两人分具体物体，其中一人一个也得不到的情形。我在多年的教学实践和听课中发现，每次教学"数的分合"，都有学生提出0和这个数本身组合的现象。每每到此，执教老师的处境都比较尴尬，既不能说学生错了，又不想让学生得出5可以分成0和5的结论，于是，只能一再强调诸如"2个盘子都必须放"的限制条件，强行把学生再牵回来。比如，有题这样要求："把下面的6个红、黄珠子穿成一串（必须有2种颜色），有几种不同的穿法？"我们知道后续学习0的加减法时，还是要讲到"5和0合起来仍然是5"，那为什么不在学习5的分合时就解决呢？

[案例 12] 学数新样本：认识 1000 以内的数

"1000 以内的数的认识"是数域拓展的关键。本节课把数学步道引入课堂，提供多样化表征的学具，让学生在活动中、游戏中学习，试图让学生在充分认识 1000 以内的数的同时，构建起认识数的一般结构，为认识万以内、万以上的数，甚至其他数，都提供一个整体性、可迁移的范式，为数的认识教学创造一个新样本。

教学目标

① 认识 1000 以内数的基数意义、数位和计数单位、组成、运算、数序、大小等，会读、会写 1000 以内的数。

② 初步体会位值、各数位间的十进制关系，以及 0 在计数中占位的意义。

③ 通过观察、比较、体验和估计等活动，进一步培养学生的数感。

④ 在认识 100 以内的数的基础上，基于认数的经验，使学生明确从哪些方面去认识更大的自然数，怎样从这些方面去认识数，从而帮助学生建立从整体上认识更大自然数的维度和结构，为认识 1000 以上的数做好思想方法的准备。

教学重点 认识位值制和十进制关系，建立数的认识结构。

【说明：要让学生学会某项数学知识，更要让学生学会研究这项数学知识的一般结构，获得可迁移的相关学习经验，是全景式数学教育范式课的基本主张。这节课，教师把使学生明确从哪些方面去认识更大的自然数、怎样从这些方面去认识数作为重点目标，并做了课程重建和教学设计，是想尝试实现更高层次的价值追求——让学生在结构化的学习策略、学习方法、学习经验上有所收获。】

教学难点 拐点处数数，建立从整体上认识更大自然数的维度和结构，学会认识数的一般过程和方法。

学具准备 每个学生一张数卡、一个计数器；每组学生一套第纳斯方块、一套小棒和一套人民币。

教具准备 课件、两块黑板、计数器、人民币、小棒、第纳斯方块、一幅标有从 0 到 1000 的数学步道（同时在 0 和 1000 处各立标志一个）。

教学实录

◎ **新探学习准备活动（课前）**

准备一：课前调查生活中哪里用到 100 至 1000 的数，与同学交流分享，再从中选出自己最喜欢的一个数写在卡片上并带到课堂上。

准备二：课前思考认识数要学习哪些方面的知识。

准备三：进入课堂，请你在黑板上写出卡片上的数。

【说明：这个课前准备活动，就是先让学生在生活中整体、浪漫地初步感受和认识 1000 以内的数，认识到数的价值和学习的意义，为上课做好素材、情感和认识上的准备。】

◎ **新探学习活动（课中）**

● **认识三位数**

师：你们找到的数真多！说一说你的数是在哪里找到的。

生 1：我的书包价格是 186 元。

生 2：我坐过 700 路公交车。

生 3：我家有 230 本书。

师：这些数用在不同的地方，表示不同的意义，但是，这些数有没有相同的地方？

生：它们都由三个数字组成，都是三位数。

师：（板书：三位数）它们都有哪三个数位？

生：个位、十位和百位。

师：（板书：个位、十位、百位）234 这个数的个位、十位和百位分别是几？（板书：234。）

生：2 在百位，3 在十位，4 在个位。

师：个位、十位、百位都统称什么？

生：数位。

师：（板书）它们都由三个数字组成，都有三个数位，所以叫三位数。谁来说一说你写的数的每个数位都是几？

生：4 在百位，6 在十位，2 在个位。

师：和同桌说一说你写的数，个位、十位、百位分别是几。同桌互相交流。

【说明：本节课对教材编排做了调整，先教学 3 位数的认识，再认识 1000。之所以这样做，一是因为 1000 是 999+1 产生的，对 1000 的认识一定是基于对 1 到 999 的认识；二是基于对学生学情的把握，这一点通过学生当堂反馈可以看出，他们对三位数已经有相当充分的认识，因此这种调整是正确的、必需的。

本环节另一个独特之处，就是充分基于浪漫的生活认识（使用的数都是学生亲自从生活中调查的）和对 100 以内数的认识。首先让学生明确，这些数是几位数、分别有哪几位，而数位又是认识数其他方面知识的基础和关键，这就抓住了认识数的牛鼻子。】

• **数的组成**

师：你们每个人找的数，老师今天都带来了，你们信吗？（学生半信半疑。）

师：看！地上铺有一个长长的数轴步道，上面标有 0—1000 的数字，还有表示 10 和 100 的红箭头。我们一起在上面数一数，玩一玩，好吗？

生：好！

师：玩就要遵守规则——

① 第一次，看一看：从 0 开始走到 1000，仔细观察数轴，看一看你写的数在哪个位置。

② 第二次，数一数：从 0 开始走，一边走，一边数，你的数总共走过几个百、几个十和几个一？在数轴上用笔圈出你写的数。（完成学习任务后，学生站在自己写的数的位置上。）

师：你的数是多少？走过了几个百、几个十和几个一？

生 1：我的数是 234，我走过了 2 个百、3 个十和 4 个一。

师：（板书：组成 234 由 2 个百、3 个十和 4 个一组成）写成加法算式，你会吗？

生 1：234=200+30+4。

师：请用这样的话说一说你找的数的组成，以及加法算式是什么。

生 2：459 是由 4 个百、5 个十和 9 个一组成的，加法算式是 459=400+50+9。

师：和同桌说一说你选的数的组成和加法算式。（学生交流情况略。）

● 在数轴步道上比较数的大小

师：你的数离 0、1000 中哪个数更近？

生 1：我的数是 234，离 0 近一些。

生 2：我的数是 450，也离 0 近。

生 3：我的数是 999，离 1000 近。

师：你的数比 500 大，还是比 500 小？比 500 小的同学请举起数卡。（板书：大小）500 在哪里？

生 4：中间，就是数轴一半的地方。（教师请一个学生找到 500 并站在那里。）

师：看看，这些举手的同学都对了吗？猜一猜没举手的同学比 500 怎样？

生：比 500 大。

师：我请三位同学出列，你们猜猜这三位同学写的数，并说说理由。

生 5：我猜 1 号 100 多，她离 0 近。

生 6：我猜 2 号 500 多，离 500 远一点儿。

生 7：我猜 3 号 900 多，快到 1000 了。

（教师让这三个学生举起自己的数卡：1 号 125，2 号 567，3 号 914。）

师：你们猜得真准，能根据距离的远近估算他们的数。谁能给这三个数从小到大排一排？

生 8：125 小于 567，小于 914。

师：你是怎么想的？

生8：相同数位比大小，从百位比起，9最大，1最小。

师：我们用数学符号可以写作125＜567＜914，或者914＞567＞125。（板书）我们不仅会在数轴上比大小，还知道比大小要看数位。（在黑板上用箭头把数位和大小连接起来。）

师：大家都把眼睛闭上，老师任选三个数，你们比一比这三个数的大小。（挑出110、234和682。）

生：110最小，682最大。

师：234离谁近一点儿？

生：110，它们差得少。

师：请你们三个再回到自己的位置上并把数卡举起来，看看对不对。

生：（齐答）对。

师：请填写的数比600大的同学回座位。请比500小的回座位。请比500大又比600小的回座位。

【说明：设计并把数学步道引入课堂，是本节课的创新尝试。该步道将数的大小、组成、运算以及数感的建立融为一体，让数学的大小比较、组成、加减都变得具体、直观、可见，是高度的数形合一，充分体现了几何直观的数学思想。另外，巨幅步道具有很强的新奇感和冲击力，同时能实现让数的认识可操作化、活动化和游戏化，能让每个学生全身心参与，取得了非常好的效果。】

• 用多样化表征的方式认识数的组成

师：刚才我们研究了数位、组成和大小，认识数，你还想学习哪些方面的知识？

生：数数、读写、加减……

师：刚才我们运用数轴研究数的组成，其实，研究任何问题都不止一种方法。你能用其他方法证明234是由2个百、3个十、4个一组成的吗？小筐里有学具，完成后先和小组同学说一说你是怎么证明的，再全班交流。

生 1：我们用钱表示，2 张一百元表示 2 个百，3 张十元表示 3 个十，4 张一元表示 4 个一。（教师在黑板上贴出相应的图片。）

生 2：我们用小棒表示，2 大捆小棒表示 2 个百，3 小捆小棒表示 3 个十，4 根小棒表示 4 个一。（教师在黑板上贴出相应的图片。）

生 3：我们用积木表示，2 片积木表示 2 个百，3 条积木表示 3 个十，4 块积木就是 4 个一。（教师在黑板上贴出相应的图片。）

生 4：我们用计数器，在百位拨 2 个珠子表示 2 个百，十位拨 3 个珠子表示 3 个十，个位拨 4 个珠子表示 4 个一。

师：这么多种不同方法，看着不一样，有没有一样的地方？

生：都表示由 2 个百、3 个十、4 个一组成。

（教师圈出：2 张一百元、2 大捆小棒、2 片积木、计数器上百位的 2 个珠子。）

生 5：这都表示 2 个百，就是 200。

生 6：3 张十元、3 小捆小棒、3 条积木、计数器上十位的 3 个珠子都表示 3 个十，也就是 30。

生 7：4 张一元、4 根小棒、4 块积木、计数器上个位的 4 个珠子都表示 4 个 1，也就是 4。

师：再看刚才写的加法算式，实际上就是 2 个百加 3 个十再加 4 个一。我们挑战一下四年级知识，改成乘法算式，你会不会？〔展示挂图：234=（ ）×（ ）+（ ）×（ ）+（ ）×（ ）=（ ）+（ ）+（ ）。〕

生：234=（2）×（100）+（3）×（10）+（4）×（1）=（200）+（30）+（4）。

（教师引导学生再次打通：加法算式、乘加算式、钱、积木、小棒和计数器，略。）

师：234 中的 2、3、4 谁大？谁小？

生 8：2 大，4 小。

师：幼儿园小朋友都知道 4 比 2 大，你怎么说 2 大、4 小呢？

生 9：位置不同。

生 10：它们表示的数位不同，2 在百位上表示 2 个百，4 在个位表示 4

个一，所以 2 比 4 大。

师：数字在不同的数位上，表示数值的大小怎样？

生：不同。

师：再看这个数——999，这三个数字都一样，像个三胞胎一样，有没有不一样的地方？

生：数位不一样，表示的大小不一样，个位的 9 表示 9 个一，十位的 9 表示 9 个十，百位的 9 表示 9 个百。

师：你发现，要研究一个数的组成，必须弄清它的什么？

生：数位。（教师在黑板上连接"数位"和"组成"。）

【说明：这是本节课又一点新的尝试——给学生提供了多种学具、充分的时间和空间，让学生用多种方式去表征三位数的组成、数位和计数单位。更重要的是，我们在此基础上，引导学生比较各种表征，让学生认识并抽象出各种表征方式的共同特点，把各种表征方式打通，多方位深刻地认识数的组成的本质。】

• 数的读写

① 读数。

第一种，没有 0 的数的读法。

师：不仅组成要看数位，读数也要根据数位来读。（板书：读数）234 这个数大家都会读吗？

生：（齐读）二百三十四。

师：（板书：读作"二百三十四"）为什么 2 读二百，而不读二十？

生 1：因为 2 在百位上，读二百。

师：（板书：个、十、百）为什么不读三十二百四？

生 2：从百位开始读。

师：读数的方法就是从最高位读到最低位，依次把数字和它的数位连起来读。我们再读几个黑板上的数试一试。

生：（齐读）二百八十六、五百六十三、八百九十四。

第二种，末尾有 0 和中间有 0 的数的读法。

师：我用红色笔把末尾有 0 的数圈出来，用黄色笔把中间有 0 的数圈出来。你们自己试着读一读，看看末尾有 0 和中间有 0 的数的读法有什么不一样。

生：末尾 0 不读，中间 0 读。

师：末尾 0 不读，我们就不写，行不行？（擦掉 300 中的两个 0。）

生 3：不行，不读也要写。不写 0，3 就变成个位，不是百位了。

师：写两个 0 的目的就是——

生 4：让 3 在百位。

生 5：只有用两个 0 把个位和十位占了，才能把 3 挤到百位上。

师："挤"字用得好！

师：3 现在在个位上，后面加个 0，0 占了个位，把 3 挤到十位上；再加个 0，又占住十位，才让 3 成为百位。

【说明：这个环节揭示了读数的根本——把数字和它的数位连起来读，这为以后学习多位数的读写奠定了基础。0 的读法处理素材全部来自学生自己的数，采用分类对比分析的策略，变"教"为"发现"——学生自己发现数中不同位置上读 0 的规律。教师在引导学生辩驳 300 的 0 不读，那是不是可以不写的过程中，学生的辨析非常精彩——一个"挤"字，把 0 的占位功能和数的位置意义表达得非常清晰。】

②写数。

师：不仅读数离不开数位，写数同样也离不开数位。（板书：写数）读完 234 之后，马上就知道在什么位上写什么。二百，就是在百位上写 2；三十，十位上写 3；四，个位上写 4。（选 3 个学生）请大声读出你数卡上的数（356、450、204），其他同学把这些数写在学习任务卡上。

师：请你举起任务卡，大家核对答案。

● **数数**

师：对数的认识，除了读数、写数，重要的还有数数。（板书：数数。）因为数都起源于数。我们从 235 开始，一个一个地往下数 10 个数。

（教师拨计数器，学生数 235—244，因数 239 时有困难而停下来研究拐点的数数方法。）

师：我们再找一个数，从 367 开始往下数 5 个数。

生：（齐数）367、368、369、370、371。

师：千数表的第一页是我们学习过的百以内的数。再看第二页，199后面再数一个是几？

生：200。

师：怎么数的?

生：（用计数器拨数）199+1 就是 200。

师：数数的拐弯处最难数，看屏幕上的数字表，从第三页到第十页，最后一格的拐弯处都空着，大家一起数。

【说明：我们从学前调研中发现，从□99 到几百拐弯处是学生数数的一个难点。我们巧用千数表，连续让学生 9 次体会拐弯处的读法，体会整百的由来。这样做，一能让学生有效地突破难点，二能充分感悟十进制，三能充分认识自然数的拓展规律 $N+1$，从而充分感受整数是怎么一步步丰富和延展的。】

师：999 后面一个数是多少？

生：1000。

师：1000 是怎样数出来的？

【说明：数源于数，对 1000 的认识一定是基于自然数的拓展规律 $N+1$，是在 999 的基础上接着数出来的。这是认识 1000 最基本也是必经的路径。】

● 千的认识

① 1000 的产生。

生：999 添上 1 就是 1000。

师：请各小组拿出计数器，拨出 999，拨得又快又好的一组有奖励。999 再加 1 是多少？请你在计数器上拨一拨。（学生拨计数器。）

师：老师发现有的小组拨数还有一点儿困难。同学们和老师一起拨。

（演示拨计数器）999再增加1个，1加在哪里？为什么？

生：1表示1个一，加在个位。

师：个位原来是9个一，增加1个一就是10个一。（PPT出示：10个一。）

师：个位满10就——

生：向十位进1。

师：十位上的1个珠子表示1个——

生：十。

师：1个十就代表10个一。（PPT出示：1个十）十位上原来9个十，再加1个十，就是10个十。（PPT出示：10个十）十位又满十，向百位进1，10个十就是1个百。（PPT出示：1个百）1个百代表10个十。百位上原来有9个百，再加1个百就是10个百。（PPT出示：10个百）百位满十，就向千位进1。1个千就是10个百，10个百就是1个千。（PPT出示：1个千）这就产生了新的数位——千位。（如下图所示）

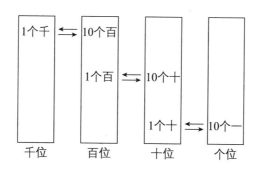

【说明：我们对数位关系呈现的形式进行了创新性的设计，把数、形和位置相统一。这样做，一是把关系和数位对应，二是把计数单位的大小与高低对应，形象生动，有助于学生加深印象，促进学生理解和认识。】

②读写。

师：千位的1表示1个千。把1个千写成数是多少？

生：1000。

师：（板书：1000）这个数读作？

生：一千。

③ 数位。

师：1000 是几位数?

生：4 位数。

师：最高位是什么位?

生：最高位是千位。

④ 还原生活。

师：小组合作，请你们分别拿出 1000 元钱、1000 根小棒、1000 块积木。谁来说一说你数出几张 100 元?

生 1：我数了 10 张 100 元。

师：1000 根小棒，你数了几个大捆?

生 2：我数了 10 大捆 100 根的小棒。

师：1000 块积木，你一共数了几片?

生 3：我数了 10 片积木。

师：10 个百是 1000。这节课，我们认识了 1000 和 1000 以内的数。（板书课题：1000 以内数的认识）

【说明：用多种学具表征 1000，加深学生对 1000 是 10 个百的理解，帮助学生更好地建立对 1000 的数感。】

• 总结过程，形成结构

师：你们课前调查生活中的数，说明生活中要用到数，这就是数的应用。（板书：应用）将来我们还会研究数与数之间的运算。（板书：运算）告诉你们一个小秘密，数的运算也和数位有关。（在黑板上画红色箭头）同学们，到今天我们明白了从哪些方面认识一个数?

生：数位、数数、读写、组成、大小、应用、运算……

师：我们先研究了什么，又学习了什么? 说说看。（学生回答略。）

师：以后研究万以上的数也要从这些方面来学习。具体都有哪些方面呢? 闭上眼睛想想看。（学生闭目思考。）

师：睁开眼睛，在这些项目中，哪个最重要? 为什么?

生：数位，因为都离不开数位。

师：（在黑板上圈出"数位"）对！抓住了数位，就抓住了认识数的牛鼻子。

【说明：课尾回顾学习过程，对研究数的各个项目进行梳理，让学生在充分认识1000以内数的同时，自己构建起认识数的一般结构，为认识万以内、万以上的数，以及其他数，都提供了一个整体性、可迁移的范式。】

◎ 课后续探

师：下课后，你们再在数学步道上从1000走到0，从0走到1000，多走几个来回，玩一玩，看一看还有什么发现。比如，从1000开始一百一百地倒着数，先到几百，再到几百？一共数了几个百？自己可以再去生活中找找，上网查查，关于1000以内的数还有哪些知识。

【说明：把数学游戏、数学学习延伸到课外。】

这节课充分以学生为主体，打通课堂内外，打通了人民币、小棒、计数器、乘加算式、文字描述等几种表征，把步道引入课堂，以"数位"为核心，驱动学生对数的认识、学习。学知识，更学结构，学怎么学习。教得轻松，学得快乐，这节课为"数的认识"教学创造了一个新样本。

小数、分数的认识

[案例13] 另类的小数的意义

一位学生在这节课上的现场发言让全体听课老师为之动容："上您这节课之前，我认为书本涵盖一切，现在我认为书本不能涵盖一切。"

当时，我听后感慨万分，激动回复："我听了你的感受，几欲流泪。是的！你读的那本数学课本并不是整个数学世界，只是数学的一部分，数学世界要比数学课本广阔得多。同学们一定要记住：千万不要把数学课本当成你的整个数学世界，老师们更不要把你的数学课本当成你的整个数学世界，而要把整个世界当成你的数学课本。"

这节课充分地落实和阐释了全景式数学教育的理念——开更多的窗，播更多的种，留更多的芽，点更多的灯……。永不给孩子设限，让孩子看见更多，拥有更多的发展可能。

这节课到底发生了什么？我们的孩子又看见了什么？它"不一样地学"体现在哪里？

◎ 课前：暖场和激疑

师：这节课，我们一起来学习小数的意义。（板书：小数）小数都见过吗？

生：见过。

师：小数的意义学过了吗？

生：学过了。

师：都懂了吗？

生：懂了。

师：关于小数的意义，还有问题吗？

生：没有了。

师：那，还学吗？

生：学！

师：见过、学过、会了、没问题了，为什么还学？

生1：再复习一遍。

生2：因为你要上给老师看啊！

师：敢说真话！鼓掌！不过，课不是上给老师看的，你也不是学给老师看的，是真的为求知、为自己的成长学的。我来这里更重要的是为你上课，为你的学服务，你在这节课真正学到了一点儿东西，对小数、数学认识得比以前更深刻，学得更好，才真的不枉此行，不枉此刻，不枉此课。老师们，你们是不是也是这样想的？（听课老师鼓掌。）

师：看见没，你不白来，老师们才不白来哟！

生3：老师，你说上的是"另类的小数的意义"，是不是教我们不一样的小数知识？

师：你不仅善于倾听，更善于联想、比对和思考，掌声鼓励！（接着面向全体学生）我相信，你们都能这样！下面，我们开始上课好吗？

生：好！

◎ 课中：上半场，明其名——中英文概念的全景拆解

• 出人意料的问题

师：孩子们，你们神情专注，思考积极，敢想，敢问，敢说，很赞！但是，同时我也有一个不小的遗憾，我问你们对小数的意义还有什么问题，你们竟然都说没有了。你知道吗，对一个学生而言，最大的问题就是自认为没有问题了。其实，不只对你们，对大人而言也是这样的。但是，最牛的人可以在所有人都认为没有问题的地方，挖出问题，提出问题。我张宏伟就是这样的人。（众生和听课老师笑。）

师：我挖的问题是，小数在英文里怎么叫？（学生面面相觑，备感意外和不可思议。）

师：（满脸挑衅，跟进追问）请问，小数在英文里怎么叫？

（学生纷纷摇头示意不知道，愣了好一会儿。）

生：老师，我们上数学课，不是英语课，和英语有什么关系？你怎么能问我们英语呢！

师：（反击）谁规定了数学课不能问英语？谁说英语和数学没关系？从英文角度研究也是研究数学的一个很重要的路径。

● 我们到底该怎么学

师：你们都不知道，那怎么办？

生：学！

师：怎么学？

生：跟老师学。

师：（走到台下找到几位听课的数学老师）老师，孩子们说跟您学。

听课老师：不好意思，我也不知道。

师：这几位老师在众人面前勇敢、真实地坦承自己不知道，就是孔子说的"知之为知之，不知为不知，是知也"。请为真诚的老师们鼓掌！老师不知道，怎么办？

生：回去问英语老师。

师：除了跟老师学，就没有其他学习路径了吗？

生：查英语字典。

师：用英语字典能不能查到小数翻译成英文是什么？

生：能！

师：好！请同学们开始查英汉字典。（全体学生都没有一个动的。）

师：你们查呀！

生：（齐）没带！

师：那还有别的办法吗？

生：上网查。

师：掌声鼓励。这一会儿工夫，你们就想到了三种学习路径：跟别人学；查资料、工具书自学；上网自学。老师会离开你，但是，网络和这些资料不会离开你，可以陪你终身学习。

● 上网学小数的英文

① 上网查。

教师打开百度翻译网页，输入"小数"，点击翻译，出现英文decimal，点发音按钮，师生一起跟读。

② 逆行的"看见"……

师：你知道吗？张老师有两个习惯。第一个习惯是在别人都觉得没有问题的地方挖空心思找问题；第二个习惯是很多事情我会正着想一想，还要——

生：反过来想一想。

师：（竖起大拇指点赞）你们都是我的知音啊！我还经常会正着做一做——

生：反过来做一做。

师：现在，张老师就把这个decimal复制下来，放到翻译框里面，倒过来翻译。大家猜一猜，它翻译成汉语应该是什么。

生：小数。

师：我原来想的和你是一样的。但是，请看——

生：啊，怎么是"十进制的"？！

师：你会发现，很多事情一旦反过来做一做，你也许就会有——

生：意外收获，新的发现……

师：（板书：小数、decimal、十进制的）decimal这个单词，既表示小数，也表示十进制的。这让你产生了什么联想或者疑问呢？

生1：小数和十进制是不是有关系？

师：这个孩子很了不起！她马上把这两个要素联系在一起，思考它们之间的关系。（在两个要素之间连上线，写下"关系"二字）我告诉你，数学说白了，就是研究关系。真了不起！那好，十进制和小数有关系吗？

生 2：小数就是十进制的。

师：举个例子。

生 2：比如说，0.1 是 10 个 0.01，0.01 是 10 个 0.001……（教师根据学生的回答相机板书。）

师：非常好，小数真的就是十进制的。我们现在使用的小数形式，就是 300 多年前根据十进制创造出来的，所以，借用了"十进制的"这个单词来表示小数。

③ 全景拆解 decimal。

第一步，拆 decimal。

师：张老师还有第三个习惯，对很多事情都喜欢先从整体上研究，（两手作撕开状）然后再——

生：拆开一点儿一点儿研究。

师：decimal 可以拆成 deci 和 mal 两部分。这两部分各是什么意思呢？

第二步，解 deci。

（师生现场上网查，发现 deci 的意思是"十分之一"。）

师：小数里哪有十分之一呢？

生 1：0.1 就是十分之一。

生 2：0.01 就是 0.1 的十分之一。

师：（板书）0.1 的十分之一就是 0.01。还有吗？

生：0.01 的十分之一是 0.001，0.001 的十分之一是 0.0001……。有无数个十分之一。

师：你们太了不起了！不仅找到了十分之一，而且找到了无数个十分之一。小数的单位就是从 1 开始的，就这样十分之一、十分之一地——

生：变小的。

第三步，解 mal。

师：mal 让你联想到哪个相似的单词？

生：small（小）。

师：我猜想 mal 很可能是 small 的简写，你们课下可以继续查询和核实。小数是微小的、少的、不足的。不足几？

生：1。

师：很好。现在张老师和你们一起研究了小数的英语概念。不光小数可以这样研究，其实所有的数学学习，包括别的学科或领域，也可以从西方文化的角度来研究。所以，有一句话叫作：中西合璧——

生：所向披靡。

●拆解中文"小数"

① 拆解"数"。

师：既然小数的英文可以拆开研究，中文是不是也可以拆开研究？猜猜我们的老祖先给小数起名字的时候，为什么用了一个"数"字，而不用"形"，不用"算"？很多数学知识都是猜出来的。

生1：我猜因为小数是一种数，而不是一种图形，所以用了"数"这个字。

师：你真了不起！其实，数学概念里的每一个字都会说话。这个"数"是在向世界宣告，我们小数也是一种——

生：数！

师：太牛了！除了小数，我们还学过什么数呢？

生：分数、整数。

师：对了。小数、分数和整数，它们都带了一个字——数，说明它们都是一种——

生：数。

② 拆解"小"。

师：我们的老祖先给小数起名字的时候，为什么用了一个"小"字？

生1：因为字很小，不足1。

师：有不同意见吗？

生2：小数也有大于1的，比如10.8、100.9等。（此时，生1情绪有些低落，我悄悄地走到生 1 身边说："别灰心，先专心上课，你回头会大逆转的，请相信我。"生 1 马上恢复了状态，投入学习中。）

师：谁能说一个你认为很大很大、大得出奇的小数？

生 3：100000000.3。

生 4：999999999999999.99……。

生 5：999999999999999.99…… 明明不小，巨大，为什么还叫"小"数？想不通！

师：知音！同感！我也觉得小数有的确实很小，有的又很大，只叫小数，不公平，不完整！似乎叫"小大数"更合理。

（学生大笑，纷纷点头表示认同。）

师：你们也认为不公平，小数明明也可以很大，为什么单单就用了"小"字呢？

生 6：因为所有的小数都有小数部分，小数部分又都小于 1，所以都用"小"这个字。

师：不错的理由，很有说服力。同学们，辩驳是一种重要的方式，问题越辩越明。你认为这种说法有漏洞吗？谁能驳倒它？

生 7：（指着 999999999999999.99……）你看它的小数部分小于 1，你叫它小数；那怎么不看它的整数部分，整数部分比 1 还大得多呢，你怎么不叫它大数！（现场所有师生都为这个精彩的反驳鼓掌。）

生 8：不管这个小数有多大，它总会比一个整数要小，所以叫小数。

生 9：那 1000 总比 1001 小，1000 也叫小数吗？

师：哇！精彩！

生 10：因为它们都有小数点！

生 11：我看过课外书，好像人类还没有发明小数点时就有小数了。

师：真好！喜爱数学阅读的人就是不同凡响。不是因为有了小数点，它就叫小数，而是因为这个点在小数中，它才叫小数点。就好像分数线，这个线在分数中才叫分数线，在语文中叫破折号。就是在数中的线也不一定都叫分数线，比如：

$$\begin{array}{r} 1\ 3 \\ \times\quad 2 \\ \hline 2\ 6 \end{array}$$

这里的横线不是分数线，是等号。

生 12：老师，我觉得我彻底蒙了。（学生纷纷认同。）

师：很不错的感觉。学习就是不断地从"不蒙"到"蒙"，再从"蒙"到"不蒙"循环上升的过程。最蒙的时候，往往是快接近真相的时候。我们先来给小数分分类。这些是小于 1 的小数，这些是大于 1 的小数，你能给这两类小数各取一个名字吗？

生 13：小于 1 的小数就叫"小小数"，大于 1 的小数就叫"大小数"。（众笑。）

生 14：因为小于 1 的分数叫真分数，大于 1 的分数是假分数，所以，我觉得小于 1 的小数就叫"真小数"，大于 1 的小数就叫"假小数"。

师：真棒！和学过的分数进行链接，用分数的名字类推，非常棒的思维方式。你说的"真小数"，书上叫"纯小数"；你说的"假小数"，书上叫"混小数"。但我觉得你起的名字，比教材上的"纯小数""混小数"更好，和"真分数""假分数"相呼应，真了不起！我期望有一天，"真小数"和"假小数"这两个概念能替代掉"纯小数"和"混小数"。（全场掌声雷动，学生万分激动。）

师：请问，假分数是不是分数？

生：是！

师：假分数真的是分数吗？

生：真的是啊！

师：既然它明明真的是分数，那为什么叫人家"假分数"？

生 15："假分"可以看成里面"包含整个"，有不需要分或者假分的嫌疑，所以叫假分数。（学生大都认为他说得有道理。）

师：这是一种别致的、很有意思的解说。其实，分数最初源于计算有零头和生活中表达分后不足 1 个的物体产生的，因此分数最初指的是小于 1 的分数，也就是真分数。后来随着数的发展，人们把大于 1 的分数也叫分数，一是为了区分，二是或许就像刚才说的里面有"假分"的嫌疑，就把不小于1的分数统称为假分数了。

生16：老师，我明白了。小数最初就是指的小于1的"真小数"，"真小数"都比1小，都很小，所以就叫"小数"了。

师：我也是这么想的。所以，西方用"mal"作为decimal的词根，很可能是因为一开始的"真小数"不足1。后来，包括了大于1的"假小数"，也就不再小了。

（这时候，我走向了当初被同学否定的生1，握了握手，说："孩子，你刚才说的也是对的，掌声鼓励。"生1开心地笑了。）

我给每个学生发了一张操作纸。（如下图所示）

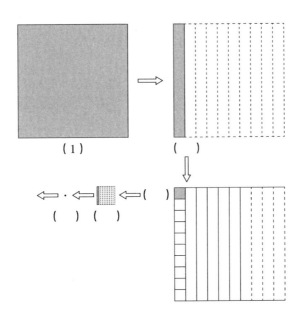

◎ 下半场，追其色——深度剖析小数的另类特点

●深悟"十分、十分地精细"

师：如果张老师把这个正方形看作数"1"的话，下面各阴影分别可以用哪个数表示？

（学生独立尝试，集体反馈后，教师重点引导学生分析第三个阴影，即表示 0.01 的阴影。）

师：你能搞清楚，这一块阴影到底是怎么来的吗？

[教师引导学生发现，它是把 0.1 平均分成 10 份而来的，是 0.1 的十分之一。0.1 的十分之一是 0.01，相对于整个大正方形表示的 1 而言，是它的 1/100。第四个阴影是把 0.01 平均分成 10 份得到的……，继续分下去的话，越分越（　　）。]

生1：小。

生2：少。

生3：细。

…………

师：你发现了吗？原来小数是表示数量小于 1 的且越来越小、越来越少、越来越细的东西，所以，小数有了第一种美，叫精细之美、精确之美（板书：精确）。你们的这种感觉和古代一位数学家刘徽的观点竟然一模一样。他说："微数无名者以为分子，其一退以十为母，其再退以百为母，退之弥下，其分弥细……"

师："其一退以十为母"是什么意思？

生：就是把 1 平均分成 10 份，然后取 10 作为分数中的分母。

师：掌声鼓励。不是把 1 平均分，而是把整个单位 1 平均分成 10 份，越退越细。来，再次品读。

（学生再次齐读刘徽的话，进一步感受小数对世界更为精细化的刻画和表达。）

●深度体验基于不同 "1" 的数量表达

师：开始时，比 1 小的数，用小数表示。1 是一个分界点，1 很重要啊！其实，1 的重要程度远远超出你的想象。（屏幕显示）一起来看，这一共是多少钱？

生1：1 元 1 角 1 分。

师：他用了 3 个人民币单位表达钱的总数。你能不能再简捷些，用 1

个单位表达?

生2：1.11元。

师：非常好，小数可以使得表达——

生：更简捷。

师：这是小数的第二种美——简捷之美。小数简捷之美的第一个表现就是表达更简捷。你看看考试的时候，时间很紧张，你是写1/100，还是写0.01呢，为什么？（引导学生认识到小数书写简单和方便。）

师：1.11元，是以元为单位，就是把1元看作"1"。那1角呢？（生：0.1。）1分呢？（生：0.01。）

师：如果把1角看成"1"，1元就是——（生：10。）1分就是——（生：0.1。）

师：咦，1分还是那个1分，刚才是0.01，现在却是0.1，为什么？

生3：刚才的单位"1"是指1元，1分是它的1/100，所以是0.01元；现在的单位"1"是指1角，1分是它的1/10，所以是0.1元。因为它们的单位"1"发生了变化，所以数也发生了变化。

生4：因为单位"1"变了，单位"1"变小，表示它的数就会变大。

师：你们像老师讲得一样清晰！表示1分的小数发生了变化，是因为单位"1"发生了——（生：变化。）所以单位"1"重要不重要？（生：重要。）我们如果把1分看成了"1"，那1角就是——（生：10。）1元就是——（生：100。）

师：小数呢？上着上着小数上没了。在这里，当我们把什么看作"1"的时候，就不需要用小数来表达了？

生5：把最小的那个看成"1"的时候，最小的都变成了整数，那些大的当然更是整数了。

师：棒极了！掌声鼓励。老师这里还有4幅方块图。（如下页图所示）你们看把谁表示为"1"的时候，其他方块需要用小数表示？而把谁表示为"1"的时候，其他方块不需要用小数表示？（学生反馈略。）

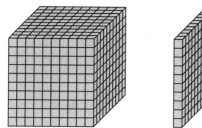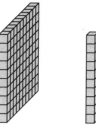

师：通过刚才的事实，大家发现单位"1"发生了变化，它表示相关事物的数也会发生相应的变化。把谁看成"1"重要不重要？（生：重要。）把谁看成"1"不仅对小数很重要，对整数、分数等也都很重要。比如，我们这所学校可以直接用数"1"来表示。如果把一个年级看成"1"，那么我们学校可以用几来表示？

生：6，因为有6个年级。

师：如果把我们五（1）班看成"1"，我们学校应该用哪个数来表示？

生：30，因为一共有30个班级。

师：（拉起一个学生——生6）如果把你看成"1"，学校用哪个数来表示？

生6：1000多，具体多少我不知道。

● **通览整数、小数系统，发现另藏玄机**

① 品悟对称之美。

师：1的重要性远远超出你的想象。它不仅可以引起其他量的变化，不仅是真小数（纯小数）和假小数（混小数）的分界线，还藏有你意想不到的玄机。（出示：······　1000　100　10　1　0.1　0.01　0.001　······）

师：从1开始，前面都是——（生：整数。）1的后面都是——（生：小数。）如果张老师把小数点拿掉，你就会有神奇的发现！（出示：······　1000　100　10　1　01　001　0001　······）

生1：小数是把整数倒过来了。

生2：整数是在1的后面不断添0，越来越大；小数是在1的前面添

0，越来越小。（教师让生2站着。）

生3：左右是对称的。

师：对称轴在哪里？

生3：对称轴是1。（如下图所示）

$$\cdots\cdots\quad 1000\quad 100\quad 10\quad \vdots\quad 01\quad 001\quad 0001\quad \cdots\cdots$$

师：（板书：对称）所以，有了小数，数的系统才有了对称之美。不光数是对称的，你们看看数位和计数单位——

生4：也是对称的。从"个"开始，向左向右都是十、百、千、万……，只不过小数数位多了"分"，计数单位多了个"分之一"。

生5：这样记起来就简单了。

师：这让记忆和运用计数单位更简捷！这是小数的简捷之美的第二个表现。

② 探秘小数产生的真相。

师：（走到一直站着的生2身旁）这个孩子刚才说的什么你们还记得吗？（让全班反复说了三遍。）

师：你们知道我为什么让你们反复品读他发现的这个现象吗？因为它揭示了小数产生的真相！这位同学就是穿越到现在的创造小数的数学家啊！请为这位数学家鼓掌！（学生鼓掌。）

师：很多人认为我们现在通用的这种小数形式不是根据分数创造出来的，这种认识是错误的。我们来看看，我们今天使用的小数到底是按照什么逻辑被发明和制造出来的。我们都知道，在数中0是用来——

生：占位的。

师：非常好！现在，我们从1向左看，会发现如果在1的后面不断添0，用0占位，那么就会把数字1——

生：往高位上挤，表示的数也不断变大。

师：几倍、几倍地变大？

生：10倍、10倍地变大。

师：是的。如果在1的后面不断添0，用0占位，就会把数字1不断地挤向高位，表示的数就10倍、10倍地不断变大。数学家就想，如果——

生：我明白了！如果在1的前面不断添0，用0占位，就会把数字1不断地挤向低位，表示的数就10倍、10倍地不断变小！

师：变小，一般说十分之一、十分之一地变小。（板书）于是小数就这样产生了。如果在1的前面添0，它就不断地十分之一、十分之一地变小，而这些数正好能表示十进制分数，继而替代了所有的分数。小数，完美地诞生了！

（学生一下子洞见真相，非常欣喜和兴奋。）

师：从以上观察、分析中我们可以看出，小数是根据谁的构造逻辑制造出来的？

生：是根据整数的构造逻辑制造出来的。

师：这就是我们现在使用的小数的由来！

③ 追思整数、小数的关系，发现统一之美。

师：我们四年级的时候学小数，只研究了小数和分数的关系。其实，我们更应该思考和研究——

生：小数和整数的关系，因为小数是根据整数制造的。

师：小数和整数有什么关系？或者说有哪些共同点？

（学生比较纠结，举手的较少，看来平时确实没有思考过这个问题。）

师：无关对错，贵在交流，想到什么就说什么，随便说，没关系。

生1：它们都是数。

生2：小数和整数都是无限的。

生3：都有大小。

生4：生活中都会用到它们。

生5：整数和小数都是0—9这10个符号组成的，只不过小数多了一个点。

生6：小数都离不开整数，整数部分最起码得有个0。

生7：整数除以10、100、1000……可以变成小数，小数乘10、100、

1000……可以变成整数。

生8：我们计算小数加、减、乘的时候，可以按整数来算。

师：掌声鼓励。小数的加、减、乘、除法完全可以按照整数来算，你会发现小数和整数的算法统一了。（板书：统一）这是小数的第四种美——统一之美。它不像分数那样还要探索和记住一套新的法则，因此，计算和记忆起来也会更简便，这便是小数简捷之美的第三个体现。

师：好，除了算法统一，小数和整数还有哪些统一的地方？

生9：它们都是十进制的。

生10：写法也统一了，从左往右，一个数字、一个数字地写。

生11：整数的交换律、结合律等在小数也一样可以用。

生12：它们的计数单位也统一了。

生13：把不同的数拿来当单位"1"，小数可以变成整数，整数也可以变成小数。

生14：整数和小数都可以化成分数。

师：哇，三种数都可以打通了！

•回顾、反思：看见自己的改变和成长

师：课上完了，和上课之前相比，你对于小数、数学、学习和自己的认识有哪些地方不一样了？或者说你在思想认识等方面有了哪些改变和成长，或者有哪些新的感想？

生1：我原来不知道小数有"四大美"——精确、简捷、对称、统一，现在我知道了。

生2：大于1的叫假小数、混小数；小于1的叫真小数、纯小数。

生3：我以前没想过小数和整数有关系，现在我知道整数和小数有很多关系。

生4：我原来认为小数是从分数中制造来的，上了这节课，我才知道小数其实是根据整数制造出来的。

师：终于明白了小数产生的真相！

生5：我知道了小数的英文名字。

生 6：我知道了小数为什么叫小数。

生 7：我知道了"1"非常重要。如果"1"变了，表示物体的数就变了。

生 8：我原来不知道，现在知道还可以用英语研究数学（教师让生 8 站着。）

师：这个孩子告诉我们，要从英文的角度去学习数学。你以前从英文的角度研究过数学吗？（生 8：没有。）以后我们要学着不仅从东方文化的角度研究数学，还要学会从西方文化的角度研究数学。

生 9：上完这一节课后感觉人无完人。以前感觉自己知道得很多，都学会了，现在感觉还有更多自己不知道的。

师：你的发现不简单！孩子们，永远不要轻视你已经会了的知识，所有学过的东西里永远有你不知道的东西。这是"学无止境"的另外一层含义。

生 10：做事不光要正着想，还要倒着想。（教师让生 10 站着。）

师：为什么这么多孩子发言，我唯独让这两个孩子（生 8、生 10）站着？因为大家都在总结收获的知识，而这两个孩子在总结方法。学习方法的收获要比知识的收获更重要，一旦掌握了学习方法，就可以学非常非常多的知识。这节课，你还学到了哪些研究学问的方法？

生 11：挖空学习法。

师："挖空学习法"是什么意思？

生 11：就是不管会不会，都要像你一样把所有问题都挖空了来研究。（全场爆笑，掌声雷动。）

生 12：还可以用网络和工具书自学。

生 13：古今结合。

生 14：遇到东西既要整体看，还要拆开看。

生 15：可以把数学名称拆开一个字一个字地研究。

师：太牛了！他抓住这个名称做分析。语文里也有猜字解词，数学里也有猜字解析概念。这些方法你只要记住几种，就会终身受益。再次掌声鼓励这些总结学习方法的同学。

师：还有什么感慨吗？

生16：所有的东西都和数学有关系。

生17：上您这节课之前，我认为书本涵盖一切，现在我认为书本不能涵盖一切。

师：（万分激动）我听了你的感受，几欲流泪。是的！你读的那本数学课本并不是整个数学世界，只是数学的一部分，数学世界要比数学课本广阔得多。同学们一定要记住：千万不要把数学课本当成你的整个数学世界，老师们更不要把你的数学课本当成你的整个数学世界，而要把整个世界当成你的数学课本。

◎ 课后：自主选修

① 把超出课本的收获分享给父母和小伙伴。

② 上网调查一下古代各国怎么表示小数，或者研究你感兴趣的其他小数问题。

附：这节课给学生带来了哪些改变和成长

全景式数学教育团队为什么要独创这个课程，上这样一节课？它到底能让学生更多地看见什么？它到底给学生带来了哪些改变和成长？

【学科成长】

学生通过这节课的学习填补了很多关于小数的认识死角，实现了对小数更为全面、丰富、完整和深刻的理解。主要体现在以下几个方面。

第一，学生清晰地认识到小数是基于"1"来刻画的，定义不同的"1"，表示相关量的数也会相应地发生变化，对教材内容进行了补充和完善。

第二，学生系统地思考、梳理和打通了小数与整数的内在联系，知道了现在通用的小数形式被创造出来的真相。

第三，学生知道了小数中、英文名称的由来和构造逻辑，即小数何以被称为"小数"。

第四，加深了对小数进制和计数单位的理解。

第五，认识到了小数的精确、简捷、对称和统一之美。

这些都是对小数本质的深度剖析和理解，很多听课的老师也发出了"豁然开朗，重新认识了小数，重新认识了数学"的感叹。

【超学科成长】

教育最难、最重要的不是教给学生多少知识和技能，而是改变他思考数学和世界的方式，改变他认识数学和世界的观念。因此，全景式数学教育主张，在保证学习小数数学本质的同时，高度地警惕和杜绝数学课程、数学教学和数学评价一味地、片面地追求对数学本质的理解、数学知识的学习和数学技能的培养现象。因为这样很容易出现教育偏离人本位、沦为"知本位"的危险。我们竭力避免让数学学习陷入枯燥、干瘪和"不吃水果，只吃维生素"的窘境，努力还原数学的天生丽质，还原育人为本的核心目标，最大限度地以数学学习为载体，培养学生立足数学又超越数学的核心素养。

我们设计这节课为参与学习的学生至少在以下几个方面打开了窗，改变了观念。

第一，学习路径的打开。教最终是为了不教，教育归根到底是自我教育。他人（教师）、工具书和网络是三种基本学习路径。学生学会用网络自学，对他的成长而言意义更为重要。在最后总结收获时，有学生指出以后要注意使用网络研究数学。

第二，方法的突破，智慧的启迪。

① 中西合璧、古今结合的研究策略。我在全国执教的所有班级中，学生在上我这节课之前从未从英文角度研究过数学；上完课后，他们无一例外地总结出要从中、西方不同角度去研究数学，研究一切学问。这让学生

认识到从不同角度去看小数带来的收获和惊喜。

② 学生学会了如何通过追溯数学概念中每一个字的含义，以及它们构造的逻辑来学习数学概念。从某种意义上讲，数学学习其实就是对数学概念的学习。学生对一个个数学概念都能全面、完整和深刻理解时，数学自然便学好了。

③ 进一步验证了运用从整体上研究 + 拆开来一点点研究的学习和探索世界的策略和方法，是有效的。

④ 进一步强化了学生做任何事情时都要正过来做一做，再反过来做一做的意识。

⑤ 让学生明白了对他们而言，最大的问题就是自认为没有问题了，要努力在别人都认为貌似没有问题的地方发现和提出问题，增强问题意识。

⑥ 体会到了所有学过的东西，里面永远都有不知道的东西，理解了"学无止境"的另外一种含义。

第三，数学眼光的涵养。数学教育的最终目标是让学习者会用数学的眼光观察现实世界，会用数学的思维思考现实世界，会用数学的语言表达现实世界。学生通过本节课的学习，认识到小数是简捷、精细表达世界的需要，知道如何定义不同的"1"，如何对世界万物的数量进行不同的刻画和表达……

第四，看见教材之外的世界。数学书不是整个数学世界，应把整个世界当成数学教材。其他学科莫不如此！

第五，人性的滋养。本节课出乎学生意料，新发现、新惊喜的环节频频出现，让学生体验到改变和成长的幸福感，让他们重新认识了小数，重新认识了数学。教师呵护和激发了学生对数学和世界的好奇心、求知欲，让学生体验到数学研究、认识世界的好玩、刺激、自信、快乐和美好，很好地陶冶了学生的数学情感、学习情感。

这些东西，相对于对小数意义的理解而言更为重要，对学生的影响更大，也更为深远。这些是关乎学生其他学科学习，关乎未来学习、工作和生活的根本能力、核心素养，较好地落实了全景式数学教育"不止于数学"的教育理念。

[案例14] 舌尖上的分数

◎ 课前自探

• 课前自学

针对教材，设计本课的课前自学单包括两个板块。

① 观看微课。

教师提供三节微课，每节微课时长5分钟以内。学生必看其一，选看另外两个。

② 自学教材。

学生通过自学单（略），每自学完一道例题，就完成相应的、少量的、趣味性的、实践性的练习。

课前自学单上提供的自学支撑资源包括以下内容：

① 三节五分钟以内的网上微课。

② 人教版、北京版、北师大版的分数初步认识教材页面。

③ 教师的导学单。（学生根据自己的情况决定是否使用。）

④ 尝试完成三个挑战。

a. 尝试给不同的物体、图形表示出它的 $\frac{1}{2}$。

b. 自己随意写两三个分数，标上各部分的名称，并尝试联系身边的事物解释它们的含义。

c. 关于分数，你还想知道什么？还有什么想法和问题？试着以自己喜欢的方式记在这里。

学生把自学结果即时上传到班级群里，在课堂上以用代学、以练代学，让课堂成为学生解决实际问题的地方，成为解决学生问题的地方。

• 游戏暖场

课前，教师在黑板上贴上标有数字的数轴（如下页图所示），并出示暖场游戏规则。

① 人人有奖，无一例外。

② 一共 7 张卡片。组长抽签，抽到的卡片上有几个马卡龙，就把卡片贴到数轴上对应数字的正上方。

③ 贴对的小组，由组长领取本组的奖品——大礼包。

④ 拿到大礼包的小组，将大礼包放到小组中间，到了规定时间再拆开。

供学生抽签的卡片如下图所示，分别放在 7 个信封里，以制造神秘的氛围。

教师引导学生逐一将抽到的卡片贴到数轴上对应的数字上，前 6 张卡片分别对应数轴上的 0、1、2、3、4、5。数形结合，唤醒旧知。抽到最后一张卡片时，引导学生思考——

师：这块蛋糕不是整块的，那么它能贴在整数上吗？不能的话，大概应该贴在数轴的哪个地方？为什么？

生：比 0 多，但又不够 1 个，所以贴在 0 和 1 之间。

师：具体贴在哪个位置就是这节课要学习的内容，课上到最后我们再来解决这个问题。

◎ 课中新探：分数的初步认识

• 如何吃药：$\frac{1}{2}$

教师出示一种治疗便秘的西药的使用说明书。

【用法用量】 口服，成人一次 1—2 片，2—5 岁儿童每次 $\frac{1}{4}$ 片，6 岁以上儿童每次 $\frac{1}{2}$ 片。用量根据患者情况而增减，睡前服。

师：假如今天你便秘了，要吃几片？

生：我们 9 岁了，应该吃 $\frac{1}{2}$ 片。

师：这个药片太小了，不方便操作。数学上经常用方便研究的物体代替不方便研究的物体。我们用一张纸来表示这片药，应该怎么吃？

生：分成两份，吃一份。

师：（把一张纸撕掉一个小小的角，拿一角）你吃这一份？

生：不行！太小了！

师：（拿剩下的大部分纸）那你吃这个？

生：太大了。

师：你们不是说分成两份吗？

生：（恍然大悟）要平均分成两份。

师生一起操作，把一张纸平均分成两份。

教师引导学生观察、思考。

① 关于分数线。

师：纸中间的这条线，表示把这张纸——

生：平均分成两份。

师：你能在分数中找到这条线吗？

生：分数线。

师：那你猜猜分数线表示什么？

生：平均分！

②关于分母。

师：一共平均分成了几份？

生：2份。

师：你能在分数中找到那个2吗？

生：分母2。

师：分母2表示什么？（学生答略。）

师：分母如果是4呢？（学生答略。）

③关于分子。

师：$\frac{1}{2}$中的1表示什么？（学生答略。）

师：这一份是它的几分之几？

生：$\frac{1}{2}$，每一份都是$\frac{1}{2}$。

师：把一个地球从中间平均分成2份，每一份是——

生：地球的$\frac{1}{2}$。

师：为什么分的东西有大有小，不论是有生命的还是没生命的，它们其中的一份却都能用$\frac{1}{2}$表示？

生：因为都是平均分成2份，表示其中的1份。

【说明：学生超越了具体的对象，抽象出了共同的数学特征，深度认识了分数的本质。】

•怎么吃蛋糕——$\frac{1}{4}$和$\frac{3}{4}$

教师给每人发了一块蛋糕、一把小刀和一张餐巾纸。

① 切 $\frac{1}{4}$ 。

要求：请切出它的 $\frac{1}{4}$ ，只有切出比较标准的 $\frac{1}{4}$ 才能获得吃的资格，否则没收。（当然，你要先独立思考，若还不能解决，可以找同伴商量。）

② 解释和吃 $\frac{1}{4}$ 的蛋糕。

学生讲解为什么 $\frac{1}{4}$ 是 $\frac{1}{4}$ 后，按照老师的要求吃蛋糕。（要求：体会 $\frac{1}{4}$ 的蛋糕在嘴里占多大空间，嚼多长时间，然后一次性吞咽。）

③ 解释和吃 $\frac{3}{4}$ 的蛋糕。

剩下的是这块蛋糕的几分之几？学生理解并解释后，按照老师的要求吃蛋糕。（要求：体会 $\frac{3}{4}$ 的蛋糕在嘴里占的空间、嚼的时间和嚼 $\frac{1}{4}$ 的蛋糕的不同。）

生： $\frac{3}{4}$ 的蛋糕在嘴里占得满满的， $\frac{1}{4}$ 的蛋糕就占一点儿； $\frac{1}{4}$ 的蛋糕很快就嚼完了， $\frac{3}{4}$ 的蛋糕要嚼很长时间。

师：这说明了什么？

生： $\frac{3}{4}$ 比 $\frac{1}{4}$ 大， $\frac{3}{4}$ 比 $\frac{1}{4}$ 多。

● 读、写和意义的进一步强化
① 规范分数写法。
教师用圆形纸片代替蛋糕演示。

师：用数"1"表示整个蛋糕 ，那么其中一小块用哪个数来表示呢？

生：四分之一。

师：四分之一是什么数？

生：分数。

师：（板书）四分之一怎么写？（找一位学生示范书写，提醒其他学生注意观察书写笔顺。）

师：这个数确实是 $\frac{1}{4}$，但是，写数跟写汉字一样，要讲究笔顺的。

首先，写中间的横线，在分数里叫"分数线"。

然后，写下面的数字4，在分数里叫"分母"。

最后，写上面的数字1，在分数里叫"分子"。

② 解释各部分的含义。

师：分数线、分母4、分子1这三部分各表示什么意思？

（学生反馈，略。）

③ 用读法追溯意义。

师：读法"四分之一"中的"四"是什么意思呢？

生：（指着图）说明一整个圆片被分成了4份。

师：这个"分"呢？

生1：分开。

生2：应该是"平均分"。（教师在课题"分"下面标注"平均分"。）

师：那"之"是什么意思呢？

（几名学生纷纷表达自己的理解，包括"其中""的""里"等。）

师：当同学们的意见有分歧的时候，我们可以借助专业的工具书。（教师引导学生从工具书中读出"之"的含义：生出、取出。学生感到很神奇，又觉得疑惑不解。）

师："之一"是什么意思呢？

生："生出""取出"其中的一份。

师：从哪里取出来一份？

生：从平均分成的四份里取出来一份。

师：这1份是从4份中生出、取出来的，所以4相当于妈妈、母亲，因此，4在分数里就叫分母；1相当于孩子，就叫分子。这就是分子、分母名字的由来。课前好多同学都提出了这个问题，现在明白了吧？（再次引导学生完整地看分数$\frac{1}{4}$，并结合图形解释：把一个东西平均分成4份，取出其中的1份，就是四分之一。）

教师出示问题：下列图形的阴影部分能不能用$\frac{1}{4}$表示？为什么？

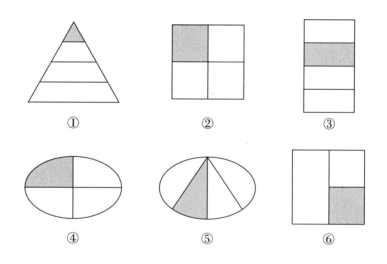

① ② ③

④ ⑤ ⑥

学生一致认为图②③④的阴影部分都能用$\frac{1}{4}$表示，剩下的三个不能。（师生交流环节略。）

【说明：突出分数的含义和本质，明确$\frac{1}{4}$可以表示把任意一个图形平均分成4份后取其中1份的情况，它与图形的形状、颜色、大小，甚至表面上的分割线［如图（6）］等属性无关。关于四分之一的认识是基于"整体与部分"的关系这个角度来定义分数的，通过多元化的图片工具进一步加

深学生对分数意义的理解。】

④ 再理解四分之几。

师：把一个圆片平均分成 4 份，取 2 份呢？

生：$\dfrac{2}{4}$。

师：写 $\dfrac{2}{4}$ 时先写什么？为什么用 $\dfrac{2}{4}$ 呢？

【说明：带领学生迁移学习新分数 $\dfrac{2}{4}$ 的读法、写法和含义。】

依次用同样的方法学习分数 $\dfrac{3}{4}$、$\dfrac{4}{4}$ 的读法、写法和含义，并进一步追问，让学生理解：平均分成 4 份，取出其中的 4 份，其实就是 "1"。这样，学生就形成了一个完整认识分数四分之几的系统。

【说明：让学生以 $\dfrac{1}{4}$ 为测量标准，进而认识四分之几，发现共性，从抽象的角度理解分数的含义，形成完整的教学过程，这是落实基于测量角度的分数定义方式。】

师：（出示下图）同学们，你们看看这些分数的分母都是几？表示什么？

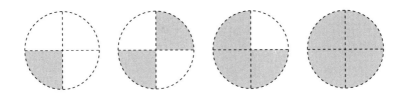

生：分母都是 4，表示这几个圆片都是平均分成 4 份。

师：分子是 1 就表示取其中的 1 份，分子是 2 表示取出其中的 2 份，依次类推。也就是说，分子是几，就表示取其中的几份；分母是几，就表示平均分成了几份。再系统观察，从更高位的角度去整体审视分母和分子的含义。

•**认识其他分数**

教师带着学生观察不完整的分数：$\frac{(\quad)}{3}$ 和 $\frac{(\quad)}{5}$，思考并表达：分母是 3 表示把一个东西平均分成 3 份，分母是 5 表示把一个东西平均分成 5 份。

给第一个分数补分子 2，变成 $\frac{2}{3}$，追问学生这个分子的含义，以及整个分数的读法和含义。

继续给第二个不完整分数补分子 3，变成 $\frac{3}{5}$，处理方式同上。

【说明：基于一般形式，分模块带领学生分别进一步认识和理解，分母表示把一个东西平均分成几份，分子表示取其中的几份，让学生对普通分数的理解更加深刻。】

师：$\left[\text{出示：} \frac{(\quad)}{(\quad)} \right]$ 还能再说一些其他分数吗？

学生通过探究，发现如果没有时间限制，分数永远都写不完，分数有无数个。教师利用这个活动让学生充分体会分数个数是无限的。

教师从黑板上的分数里任意圈出四个分母不一样的分数，例如，$\frac{2}{3}$、$\frac{3}{5}$、$\frac{1}{6}$、$\frac{5}{8}$，分小组发放练习单，小组合作涂出这四个分数。方法是：先观察练习单上的图形平均分成了几份，确定可以涂分母是几的分数，再对应起来分子，涂出相应的分数。

【说明：在这个环节中，每个小组的练习单都不一样，以此激发学生产生更多的个性化思考、创造性思维，并在全班学生产生的"分数群"中进一步加深对分数意义的本质化理解。】

以下是练习单的设计思路：

① 表示三分之几的图形，给学生提供了 4 种选择。（如下页图所示）

② 表示五分之几的图形，给学生提供了 4 种选择。（如下图所示）

③ 表示六分之几的图形，给学生提供了 4 种选择。（如下图所示）

④ 表示八分之几的图形，给学生提供了 4 种选择。（如下图所示）

 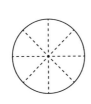 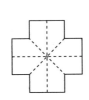 

这样练习单的搭配有 4×4×4×4=256 种方案，足以保证每一位学生练习题的个性化、差异化，也让学生在与别人分享的同时，看到更多的可能性。

教师收集学生涂色的作品，贴在黑板上，让学生分别辨析以上四个分数的不同表达方式，以便让学生最终达成共识：这些图案的形状、大小等都不一样，但可以表示同一个分数。这再次强化学生认识：分数只"看"平均分的份数，以及要表示的份数。

● **基于实例群，联想分数**

教师出示一串糖葫芦、一盒巧克力、一排酸奶……，让学生指出其中的几分之一或者几分之几，说法和解释正确的学生，可以吃掉或者喝掉其中相应的几分之一或几分之几。

【说明：通过以上实例群，数形结合，让学生不断联想分数，在知识迁移的基础上，认识其他分母的分数，在这个过程中不断巩固分数的含义。】

● **新探学习活动阶段性小结**

师：这节课我们学了什么？

生：分数。

师：分数中的"数"说明了分数是一种数，"分"是指平均分，分数是在平均分中产生的数。

● **"喝分数"**

分小组，每组 5 人。发给每个小组满满一玻璃杯橙汁和五个透明的一次性杯子。

① 分 $\frac{1}{5}$。

师：你们打算怎么分？

生：平均分！（平均分是学生内心的需求，不是老师要求的，因为每个人都不愿意少喝。这是人性啊，哈哈！）

学生合作，倒来倒去，一直到五个一次性杯子里的橙汁一样高了，全组才都满意。

学生解释每个一次性杯子里的橙汁占大玻璃杯的几分之几。解释后，一起为 $\frac{1}{5}$ 干杯。

② 思考分数"五分之几"。

教师采访一个小组的男生，这个小组为三女二男。

师：你喝了这杯橙汁的几分之几？

男生 A：$\frac{1}{5}$。

师：你喝了几分之几?

男生 B：也是 $\frac{1}{5}$。

师：下面，请同学们一起思考，这个小组的男生一共喝掉了几分之几?

生：$\frac{2}{5}$。

师：为什么?

生：5 个人，2 个男生，所以是 $\frac{2}{5}$。一共 5 杯，男生喝了 2 杯，所以是 $\frac{2}{5}$。$\frac{1}{5} + \frac{1}{5}$ 就是 $\frac{2}{5}$……

● 回归数轴

师：课堂初始阶段的 $\frac{1}{4}$ 块蛋糕应该贴在数轴的哪个位置?

学生合力探究，认为应该把 0 和 1 之间的线段平均分成 4 份，从 0 开始数出 1 份，那个位置就是 $\frac{1}{4}$ 块蛋糕应该贴的位置。这样做前后呼应，让学生在数轴模型中进一步理解分数的含义。

接着让学生把 $\frac{2}{4}$、$\frac{1}{2}$、$\frac{3}{4}$ 贴在数轴相应的位置上。

● 用分数下课离场
30 名学生座次安排如下页图所示。

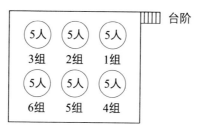

师：因为台阶很窄，一起离场会很挤，我们可以用分数解决这个问题。

先请第一组离场，离场的占全班的 $\dfrac{(\ \ )}{(\ \ )}$？为什么？

生1：$\dfrac{1}{6}$，因为……

生2：$\dfrac{5}{30}$，因为……

师：再请第2、第3小组离开，请问这两个小组占全班的 $\dfrac{(\ \ )}{(\ \ )}$？为

什么？

生3：$\dfrac{2}{6}$，因为……

生4：$\dfrac{10}{30}$，因为……

师：剩下的第4、5、6组一齐离开，他们占全班的 $\dfrac{(\ \ )}{(\ \ )}$？为什么？

生5：$\dfrac{3}{6}$，因为……

生6：$\dfrac{15}{30}$，因为……

生7：$\dfrac{1}{2}$，因为……

◎ 课后继续探索

● 分数的历史

课后课程解决课前自学单上大部分学生提出的问题：分数是谁发明的？通过 PPT 向学生展示古代埃及、古代中国、古代巴比伦和近现代分数的演变历史，让学生体会其中的分数含义，并让学生理解分数不是哪一个国家哪一个人发明创造的，而是人类共同的研究成果。

● 分数的英文

以 $\frac{2}{3}$ 为例，通过对其两种不同英文读法的解释，进一步巩固学生对分数含义的理解。（读法 1：two-thirds → 两个三分之一，基于分数单位及其组成来读；读法 2：two over three → 2 在 3 的上面，基于写法来读。）

【总设计解析：全景式数学教育不仅强调教学维度的完整，还强调教学过程的完整。横向上，学生在这节课中经过了课前的浪漫学习、课中的精致化学习、课后的综合应用三个阶段，经历了完整的分数学习链。纵向上，又与分数文化打通，进一步丰富学生对分数意义的理解。因此，纵横两个方面都实现了学生对分数完整的学习和认知。

本节课具有以下创新点。

① 课前课程的设计兼顾了知识性和趣味性，充分挖掘和利用了学生的自学能力。

② 用游戏引入，变食物为学具，引发学生的学习兴趣，激发学生对生活、食物的思考。

③ 以 $\frac{1}{4}$ 引入，进而在一个完整情境中完成同分母真分数的教学，形成一个完整的分数认识系统。

④ 从"解字"引入，数形结合，帮助学生认识分数，理解分数的含义，加深理解。

⑤ 课堂练习关注到练习形式的多样性、差异性，在探求本质的过程中，也特别突出了分数意义的共性。

⑥ 基于实例群认识分数，在渗透新的分数定义的基础上，让学生结合生活实例进一步认识和理解分数。

⑦ "吃分数""喝分数"，变纸笔练习为实践操作，趣味性更强，考查范围更广，指向性更明确。

⑧ 解读分数历史和分数读法，拓宽了学生的视野，增进了学生对分数的理解。

⑨ 本文全面引入数轴模型、圆片模型、实物模型等，关注学生的直观认知和思维的逻辑递进，帮助学生进一步认识分数的含义。

分数是这样认识，小数、整数、负数、运算也是这样认识……。经历这样完整的学习经历，学生就会对数学整体上的认识更完整了，还会从数学的角度完整地认识世界和认识自我，进而通过数学去认识这个世界的角度也就更完整了。】

问 题 解 决

[案例 15] 应用题还可以这样审，这样想！

思考方法的课程建设和教学设计，是全景式数学教育的核心工作之一。全景式数学教育认为，学习思考的一般方法和流程，是培养学生数学思考力特别重要的内容和路径。

在教学中，我们发现学生在解题出现问题时，老师和家长往往会这样提醒学生："多动脑想想，好好想想！用心想，认真想，努力想……"但是，我们可曾想过，几乎没有学生不是用心去想、努力去想的，问题是学生根本不知道怎么去想！很多学生并不知道思考从哪里启动、往哪个方向、按照哪个路线一步步地想下去。也就是说，在教学和辅导中，我们可能并没有让学生习得系统的、一般的、明确的、基础的、具体的思考方法、步骤和流程，很少引导学生去思考自己如何思考、别人如何思考。

本文提供的这节课例，是通过应用题的教学引导学生明确如何去一步步思考应用题的尝试样本。

新探学习活动内容

小学数学教材三年级下册有一道应用题：

为了参加溜溜球比赛，王老师买了4盒溜溜球，每盒2个，一共花了96元，平均每个溜溜球多少元？

探前准备

① 这道题目用同一张 A4 纸，反、正面各打印 2 遍，共 4 遍，给每个学生发一张，期待和便于学生对同一道题多次多角度进行研究和探索，对

解决问题的思考步骤和方法进行全景、深入理解和掌握。

②每个学生准备一支水彩笔。

新探过程

◎ 新探的开启

师：每个同学的桌上都有一张纸，这张纸的反、正面一共印了4道题，大家先整体浏览一下。

生：（小声嘀咕）咦！这不是同一道题吗？

师：就是一道题。你们是不是觉得张老师很怪啊？随着你思考的深入就会发现其中的秘密。这样的题我们叫什么题呢？

生：（齐）应用题。

师：（板书：应用题）同学们，你解答应用题的步骤是什么？也就是第一步干吗，第二步干吗？

生1：第一步，读题；（教师板书：1.读）第二步，寻找有用信息；（教师板书：2.找）接下来是列式；列完后，算出结果；（教师板书：3.列；4.算）最后写答案。（教师板书：5.答）

师：小伙子不错啊！一个人说了5样。掌声鼓励！（学生鼓掌。）

师：还有不同意见吗？

生2：写单位名称。

师：单位名称放在哪里？

生2：放在"答"的前面。

师：好！（板书改为：6.答）第五步写单位名称。（板书：5.名）

师：还有吗？

生：没有了。

师：1.读题。2.找数学信息。找信息，算式就自动蹦出来了？

生：（恍然大悟）思考、想。

师：“想”放在哪里？

生：第三步。

师：其实，"读"和"找"合起来就是审题，概括成一个字就是"审"。（板书：1. 审）第二步就是"想"。（板书：2. 想）

［教师把解答应用题的步骤梳理为：1. 审（读、找）；2. 想；3. 列；4. 算；5. 名；6. 答。］

师：你们总结出这六步已经很棒了！遗憾的是，还少一步，少的还是很关键、很关键的一步，也是一般人最容易忘掉的一步！

生3：检查。

师：掌声鼓励！其实，不光是做题要检查，事干完了都要检查检查。检查还叫自省，曾子说，"吾日三省吾身"，意思就是——

生：每天检查自己三次。

师：理解得挺棒嘛！"三"表示多，就是每天多次、多方面地检查自己。［补充上"查"后，形成更完整的解答应用题的一般步骤：1. 审（读、找）；2. 想；3. 列；4. 算；5. 名；6. 答；7. 查。并让学生熟悉和巩固。］

◎ 删繁就简：我们到底如何去审

• 原来怎么审

师：今天，张老师先和你们一起精细地研究研究前两个步骤。第一个步骤是"审"，你以前都怎么审题啊？

生1：读一遍题，把有关的信息找出来。

生2：第一遍读题，第二遍把答案找出来，再读一遍。

师：你读第二遍就把答案找出来了，太牛了！老师，你叫什么名字？我跟你学！（众笑。）

生3：先读一遍题，再读一遍问题，在题中找出关于问题的有用信息。

师：你找有用的信息。

生4：先读第一遍，找有用的信息；再读第二遍，找问题，看自己找的有用信息有没有找错。

…………

●还可以怎么审

① "删删"来了。

师：我发现审题时每位同学都有自己的招儿，张老师也有一个招儿。想不想知道张老师的招儿是什么？

生：想！

师：张老师的招儿其实就一个字。（板书一个大大的"删"字。）

生：删？删什么？怎么删？……

师：刚才一个同学说找有用的信息，我就发现全班同学都频频点头。是的，每个人都喜欢找有用的信息，不光数学学习是这样，其他学科也是这样；不光生活中是这样，工作当中也是这样，都喜欢找有用的；不光小孩是这样，连大人也是这样。但张老师跟你相反，专找无用的东西，明白吗？（有学生回答：明白。）

师：你明白什么了？跟我说说。

生1：我明白了"删"的意思就是，把多余的信息和用不上的一些数字都删掉。

师：知音啊！你看这道应用题当中哪些字可以删掉，又不改变原来的数学意思，就拿起你的笔，把它看成一把刀，对该砍的毫不留情，大刀阔斧地砍掉、划掉。

（学生开始删除无用的信息，教师巡视全场，并收集学生不一样的作品。）

② 删的境界，删的艺术。

师：我们来看看，你的同伴删掉了什么。

（投影学生作品一，所有被投影的学生作品都征求了该作品主人的同意。）

师：看他把谁给砍掉了？

生："为了参加溜溜球比赛"。

师：去掉它后，一起读一遍，品一下题的数学含义改变没？（学生读后一致认为没有。）

师：为什么？

生1：这句话没有数学信息。

生2：反正都买了那么多溜溜球，花了那么多钱了，参不参加比赛，都不影响数学的意思。（听课教师自发鼓掌。）

师：我不管你买溜溜球为了什么，哪怕你买完扔了，删掉它对数学的意思根本不影响。太牛了！

师：（投影学生作品二）这位同学把"王老师"也删了，行还是不行？为什么？

生3：行，因为管他谁买的，有人买就行。

师：掌声鼓励，太棒了！注意，"王老师"在这里还碍事儿。（众笑。）

师：（投影学生作品三）他把"买了"删了，行不行？

生4：我感觉不行。因为他不买的话，就不能花钱了，就没有96元了。

生5：我认为可以删掉。"花了96元"的意思就是买了。

生6：我也认为可以删掉。你买不买，那些球都是那么多钱，都在那里。

这时，多数学生认为可以删除"买了"，还有少部分学生认为不能删。教师让学生读删后的题目，品味数学的意思到底有没有改变："4盒溜溜球，每盒2个，一共花了96元，平均每个溜溜球多少元？"最后所有学生都认为可以去掉。

师：（投影学生作品四）"花了"删掉可以吗？

生7："买了"都可以去掉，"花了"也能去掉。

生8：买不买价格都在那里。

（教师让学生一起品读："4盒溜溜球，每盒2个，一共96元，平均每个溜溜球多少元？"大家一致认同可以删除。这时候，教师第一次收集的学生作品都展示完了，全班学生都非常兴奋，因为很多人没有想到，这道题可以精简到如此地步。）

师：还能删吗？（全班静默深思。）

师：如果别人认为能删的你都删了，这是删的第一重境界；如果别人都不能删了，你还能删，你就进入删的第二重境界了。你觉得还能再删掉哪里?

生9:删掉"一",变成"4盒溜溜球,每盒2个,共96元,平均每个溜溜球多少元?"。

(全体学生认同。)

师:一字千金!牛!

生10:"溜溜球"也可以删掉。(抢跑到投影仪前呈现自己的作品,并向同学们解说)4盒,每盒2个,共96元,平均每个多少元?把溜溜球换成乒乓球、皮球也行,蛋糕也行,什么都行。反正你是买了4盒,每盒2个。不管你买什么,还是"4盒,每盒2个,共96元"嘛!这道题的数学意思没变!(全体学生和听课老师自发响起热烈的掌声。)

师:你发现没,这就是数学厉害的地方,不管你买的是什么,我自岿然不动。"比赛"删掉了,"王老师"让你删了,"溜溜球"让你删了,"一""花了"也删掉了,对这道题的数学意思根本没有影响。

(全班情绪激昂。)

③ 知删,更知不删。

生1:我觉得"平均"也能删掉。

生2:"平均"不能删。如果价格不一样,怎么办?

生3:盒子里两个球的价钱可能不一样,这样"平均"才可以计算,否则问一个不知道哪一个,没法求。

生4:删后就不是原来的意思了。

(最后学生一致认为"平均"不能删,删了就改变了题目的数学含义。)

师:对了,你不能为了简单就都删掉,要保证它的基本意思不变,同时还要保持数学的严谨性。好了,我们回头整体看删的过程(边删边解说可删、不可删的理由)。

④ 删后摘录。

师:剩下这些不能删的才是这个题目中——

生:最重要的、最关键的……

师:现在请同学们把删掉之后剩下来的关键部分重新摘下来,在空白的地方把它写下来,我也写,你也写。(板书3个条件、1个问题:① 4

盒；②每盒 2 个；③共 96 元 → 平均每个多少元？）

师：你把精简之后的题和原来的题进行对比，有什么感觉？

生 1：感觉比之前更清晰、明了了。

生 2：更好理解了。

生 3：更完整了。

师：我明白你的意思，由于字多，你顾不过来，会影响你的整体感；因为信息少，你就可以一下子整体把握了，非常了不起！

生 3：（频频点头）我就是这个意思。

生 4：信息好找了，字少了。

生 5：把无用的删掉之后，有用的不用找就出来了。

师：就是用"无用"找"有用"，真好！删掉无用信息后，题目比原来更简单，更容易理解和思考。"删"是审题的一个重要方法、超好的方法。其实，不仅数学审题是这样，其他学科审题也可以这样删。不仅学习是这样，生活也是这样。一个人把学习、生活和工作中没用的东西都删除后，他的学习、生活和工作就简单了、清晰了、明了了、顺畅了。这就是删的妙用。

◎ 思维导航：我们到底该如何去想

● 原来怎么想

师：解答应用题的第一步是"审"，其实就是干一件事——

生：删。

师：解答应用题的第二步是什么？

生：想。

师：原来，你看到一道应用题后会怎么想？

生 1：认真想！

生 2：拼命想！

生 3：用脑子使劲儿想。

师：完全赞同。全世界的人都是用脑子去想，没人用脚丫子去想。（全场爆笑。）

生3：我就看着条件和问题反复地想，反复地想，反复地想，想着想着答案就出来了。

生4：就是先看问题，然后再想怎么列式。

生5：把自己能看到的有用信息总结起来，想一想怎么列算式。

生6：我先看问题再看题，然后思考该怎么解答，之后就算出来了。

生7：先看问题，结合问题再看信息，然后想怎么列式。

师：到底怎么去想一道应用题？我们发现，自己原来所谓的"想"都是大框架的、粗放的、模糊的。对如何解答一道应用题，其实，你一直没有一个明确的、具体的和详细的思考方法和思考流程。也就是说，怎么对一个问题一步步想，怎样一步步去思考。张老师这里有四种"怎么好好想"的方法，今天先和你们一起研究第一种。

● 到底该怎样去想

（1）思之路——思路。

师：怎么想，其实就是解决问题的思路。（板书：思路）平时，老师会经常让我们说一说解答一道题的思路。我们思考过、追问过什么叫"思路"吗？

（学生纷纷摇头。）

师：我告诉你，"思"是思，"路"是路，"思路"是思路。（在黑板上"思路"两字之间用红笔画线隔开。）

师："思路"是由"思""路"两个字组成的。"思"是思考，"路"是路线，"思路"就是思考的路线。也就是说，思考就像走路。比如，我现在想找台子后面一角的摄像师，我怎么走才能找到她？

师：① 启动。（板书）先分析现状。（板书）我现在面向讲桌站着，直接走是不行的，被挡住了。（学生笑。）所以我思考的第一件事是什么？——是确定下一步要走的方向！（生：向左转。）

② 定向。（板书）这里有几个方向呢？我准备这次从这个方向去找她。

③ 路线及流程。（板书）接下来呢？（生：转过去。）然后呢？（生：

走。）我一直往前走吗？

生：不能，会掉到主席台下面去。

师：接下来，要找到需要拐弯的地方，也就是转折点，解决问题的关键点、节点。（板书：注意节点——转折点、关键点。）

师：（边走边引导）到了该拐的节点，你们叫停我哟！

（教师走到转折点——）

生：停！

师：到了转折点，也就是解决问题的关键点、节点，要停下来思考"我下一步往哪个方向走"。（生：向右。）转折点是走路和思考的关键。到了这里——

生：又要想"往哪个方向转"。还是向右，然后转身继续走，找到了！

师：现在明白什么是思路了吗？怎么思考自己的思路呢？

生：先根据情况，确定开始想的方向，想到一个转折点后停下来，思考再往哪里走，怎么走……

（2）像过家家一样去想。

师：棒！张老师今天要教你的第一种想的方法叫"过家家"。（板书：过家家。）

师：什么叫"过家家"呢？

生：一个人当爸爸，一个人当妈妈。

师：（握手）你太了不起了，说得多含蓄！那应用题里怎么玩过家家呢？就是想第一个条件"4盒"跟题目当中的谁结婚，可以生出哪个宝宝？

生：应该和"每盒2个"结婚，可以生出"一共8个球"。

师：怎么列式？

生：$4 \times 2 = 8$（个）。

师：做完这一步，就像走路一样，到了拐弯的地方，也就是解决问题的转折点，接下来怎么办？

生："8个"和"96元""结婚"！（众笑。）

师：太牛了，请掌声鼓励！这个孩子很了不起！把生出来的这个宝宝再当条件④，放到原来的题目当中，用它和剩下的其他条件去"结婚"。大家看看它们俩能"结婚"吗？

生：能，生的宝宝是"96除以8等于12元"。

[教师板书：

①→②：4×2=8（个），即④；

④→③：96÷8=12（元）。]

师：你会发现，生出的这个宝宝就是你要求的问题，问题解决了。如果这次生出的宝宝不是问题呢？

生：继续放到题中去结婚。

师：张老师教你的这种思维的方法叫什么？

生：过家家。

师：你现在明白怎么思考了吗？说一说。

生：先拿第一个条件去找跟谁结婚，生出来一个宝宝，然后把这个宝宝放到题目当中，再去找剩下的条件结婚，然后生出一个宝宝，一直到把问题生出来。（众笑。）

师：我刚才站在这个位置找摄像师，只能走这条路吗？还可以怎么走？

生1：从这里转过来，往前走。

生2：老师先下主席台，然后再上来。（众笑。）

生3：从这边下去之后绕场一周，再上来绕场一周……

师：不加任何条件限制的话，老师找到摄像师有多少种方法？

生：很多种、无数种、N种……

（3）另一种"像过家家一样去想"。

师：其实，数学的思路和走路是一样的，也有多种可能，甚至有无数种可能。回头看这道应用题，难道只有这一种过家家的方案吗？

（学生用第二道空白题独立进行尝试。第一道题目学生已经圈画涂抹了，第二道题是原题，是空白的，没有学生圈画的痕迹。）

生1：先让条件①和条件③结婚，生出的宝宝用96÷4=24（元），当条件⑤，然后再把宝宝⑤和剩下的条件②结婚，就可以生出问题宝宝了。

［教师板书：

①→③：96÷4=24（元），即⑤；

⑤→②：24÷2=12（元）。］

（生1讲述自己思路的时候，教师引导学生重点关注该拐弯的地方——把宝宝当作新的已知条件放回题目进行连接。）

（4）到底能不能过家家？

生1：条件③ 96 元，和条件② 2 个结婚，生出宝宝条件⑥，再和条件① 4 盒结婚。

很多学生表示反对，主要意见有两种：

① 它俩不能结婚，96 元 ÷2 个，不就 1 个 48 元了。

② 它俩不能结婚，因为它俩生不出孩子。（全场爆笑）96 元钱是 4 盒的钱，不是 2 个的钱。不能用 96 元 ÷2 个。（教师引导学生认识到，2 个球和 96 元不对应。）

这时候，绝大多数学生认为这种连接和解答是错误的。个别学生还是认为既然最后的结果和原来两种解法的结果一样，就应该是对的，但是，同时感觉反对的同学讲得非常有道理，因此自己也蒙了。

师：这些同学提出的这些意见很重要！并不是题目中所有的条件都能结婚，都能直接连接的。就像同学们刚才发现的一样：96 元钱是 4 盒的钱，不是 2 个的钱。也就是说，如果两个条件不对应、不匹配，它们就不能直接连接，直接过家家。（板书）

师：这个世界充满了无限的可能性，数学也有很多可能。不能直接连接，并不意味着绝对不能连接，也许——

（全班学生凝神苦思，无人响应。老师停下来，充满鼓励、耐心地等待学生静静思考，画图分析，悄悄讨论……）

生3：我想起来了，每盒去掉一个，那 4 盒就是一共 48 元。

（其余学生一时没有转过弯，没听明白。）

师：我明白你的意思。你可以再试着换一种说法，给大家讲讲吗？

生3：去掉后就剩下 4 个，不是 48 元吗？

其他学生：怎么又成 4 个？题里是 4 盒，不是 4 个！

师：你们问到点子上了，也许 4 盒真的能转变成 4 个。也许 2 个，可以转变成别的什么。要不你们就按他说的画一画，别忘了，去掉的也不能丢，可以画在旁边。

学生又开始尝试、思考、讨论。忽然几个学生欢呼"明白了"！他们的画法和想法如下。

把 4 盒摞起来，这样从中间分开，就成了 2 排，而且两排同样多，96÷2=48（元）就是 1 排的钱。1 排从上到下，一共 4 个，共 48 元，每个是 48÷4=12（元）。

这时，绝大多数学生恍然大悟。为了让学生更好地理解，教师选取了 4 排同桌的男生和女生进行戏剧化表演，如下图所示。

师：和原题类比，同桌的两人相当于 1 盒两个球，一个男球，一个女球。（众笑）4 桌相当于 4 盒。所有的球可以"抛开"盒子，分成相等的两队，男队和女队。每个队一共多少钱？

生：96÷2=48（元）。

师：思考这里的 2 还是 2 个吗？这里的 96 和这里的 2 对应吗？

生：这里的 2 不是 2 个球，而是 2 个队，就是 96 元。这里的 96 和 2 对应。

师：每队里的 4 还是 4 盒吗？这里的 48 和 4 对应吗？（学生答略。）

师：回到原题中，先把每盒球左边看成一组，右边看成一组，两组一样，所以 96÷2。这里的 2 不是 2 个，而是转化成了 2 组。得数 48 元是一组 4 个的钱，再除以 4。这里的 4 不再是 4 盒，而是转化成了 4 个。

师：看见没，学习这道应用题的第一重境界是看盒是盒，看个是个。到了第二重境界，盒不再是盒，个不再是个。说白了，数学其实跟"个""盒"根本没关系，4盒，每盒2个就是数学上的几个几？（生：4个2。）4个2是几？（生：8。）8份一共96元，求一份是多少？（生：96÷8。）所以，你最终算的根本不是生活，而是算数学里的几个几和平均每个是多少。

◎ 回顾与梳理

师：这节课，张老师和你们一起详尽地研究了解答应用题的两个环节。第一步是审题，怎么审？

生：删！删掉无用的信息，有用的信息自己就出来了。

师：我想让你记住，删去无用的信息仅仅应用在数学题上吗？

生：生活中也要这样。

师：解答应用题的第二步是"想"。我们今天学的是用过家家的方法去想。过家家怎么想？

（学生反馈，略。）

◎ 课后续探

① 回家给家人讲述一下"删"和"过家家"的故事。

② 解决问题：6月1日，某小学举行庆祝儿童节的表演活动，三年级的同学中，一共有60人报名参加大合唱。教合唱的老师把他们平均分成3个方队，每个方队又平均分成4个小组，那么三年级合唱队的每个小组有几人？要求如下。

a."删"到底。

b.摘录最简条件和问题。

c.任选一种"过家家"的想法，用自己喜欢的方式记录自己过家家的思考过程。

[案例16] 乘除法应用题还可以这样玩！

传统的"归一应用题"，现今一般编排在三年级，归属于"问题解决"，主要目标是让学生用学过的知识、技能和方法等解决现实中的问题。它是培养学生的应用意识、帮助学生理解数学和生活的密切联系、让学生学习分析问题和解决问题的基本方法，是发展学生思维的重要路径和载体。

全景式数学教育团队对"归一应用题"教学做了新的尝试：以认知心理学为依据，科学利用心理动力学、认知心理平衡理论，设计了独特的"5破6立"教学法。在完成上述目标的同时，更多地把学习重心聚焦在"完整思维，学会思考，激发创新，开慧启智"上。

"5破6立"中的"破"是指学生打破自己现有的认知平衡状态；"立"是指学生原来已经有的，或者重新建立起来的认知平衡状态。

认知平衡理论认为，人总是具有力图保持其内部认知系统的平衡与和谐的心理倾向，当新场境中的认知因素与个体原来的认知不同或冲突时，则他内部认知系统的平衡与和谐便会被打破，进入不平衡状态。而这种不平衡的认知状态具有较强的动机性，会促使人积极主动改变其认知系统的某些因素，或改变现存的认识，或添加一种新的认识，以达到平衡或校正不平衡，最终重新建立新的认知系统平衡……

全景式数学教育对归一问题的教学，依据上述理论进行设计，设置了"平衡→打破→……→平衡→打破"如此不断扩展、循环攀升的认知心路历程和思考过程，利用心理动力学不断激发和强化学生的兴趣与探究欲。

◎ 第一次"立"——意料之中：知道……，就可以……

教师从左向右依次板书以下4个问题，同时请学生独立思考：只要知道……，就可以求出……

（1）一辆汽车，_____，7小时行驶多少千米？

（2）某小学三年级_____，6个班有多少人？

（3）小明读《西游记》，_____，15 天一共读了多少页？

（4）_____，8 支铅笔一共多少钱？

学生踊跃反馈。

生 1：（回答第一题）要知道 7 小时行驶多少千米，必须知道 1 小时行驶多少千米。

师：棒！请你说一个具体的速度。

生 1：每小时行驶 90 千米。

（教师板书：构成一道完整的题目——一辆汽车，每小时行驶 90 千米，7 小时行驶多少千米？）

师：怎么做？

生：（齐）$7 \times 90 = 630$（千米）。

生 2：（回答第二题）要求 6 个班有多少人，必须先知道一个班有多少人。

师：你说个具体的人数吧。

生 2：一个班有 32 人。

（教师板书，构成一道完整的题目——某小学三年级一个班 32 人，6 个班有多少人？）

生：$32 \times 6 = 192$（人）。

[针对第三题，学生补上"一天读 15 页"后，答案为 $15 \times 15 = 225$（页）；针对第四题，学生补上"一支铅笔 5 元钱"后，答案为 $5 \times 8 = 40$（元）。]

师：请同学们比较一下这四道题，虽然它们说的事儿不同，数量不同，但却有一个共同特征：只要知道什么，就能求什么。

生 3：只要知道单个的，就能求一共的。

生 4：只要知道单个的，就能求更多的。

生 5：只要知道 1 份是多少，就能求 7 份是多少。

师：太牛了！你们都太牛了！第一题知道 1 小时行驶 90 千米，求 7 小时行驶多少千米，本质上就是，知道（　）份是（　），求（　）份是（　　）。

　　生：知道 1 份是 90，求 7 份是多少。

　　师：这几题分别是知道 1 份是几，求几份是多少。

　　板书改成：

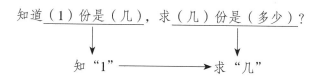

　　师："知"1"→求"几"，用什么方法计算？

　　生：（齐）乘法。（教师在横箭头的上方板书"×"）

　　【说明：学生从一年级就开始学习应用题的基本结构、基本思路和解答流程，从而形成分析应用题的格式——要求什么，就必须知道谁和谁。等到学习归一问题时，这种分析应用题的格式已经强化了近 5 个学期，建立起相应的稳固的认知平衡，且这种平衡对学生而言已成定式，从学生使用了"必须知道"可以看出，学生把求多份的前提更多地单一地定为必须知道"一份数"，对解决问题所需条件的多元化认识产生了负向迁移。下面的教学环节就是对学生这种已有认知平衡的打破。】

◎　第一次"破"——意料之外：还可以……

　　师：求 8 支笔一共多少钱，难道只有知道 1 支笔的钱才能求出来吗？

　　（学生沉默。）

　　生 1：（情不自禁站起来，激动地自说自话）知道 2 只铅笔……

　　师：停！我知道你已经想通了，牛！下面的话不能说了，给还没有想好的同学留一些独立思考的时间。

　　【说明：思考独立是心理独立的重要路径和标志，同时也是创新的核心。教师在教学中一定要给学生提供独立思考的时间和空间，尽力呵护和激励学生独立思考的积极性和主动性。】

　　教师又等了一会儿，学生通过自己圈画等活动，纷纷举手示意想到了。

生2：比如，知道2支笔10元钱，也能求出8支笔一共多少钱。

师：好！我写上。（板书：2支笔10元钱）现在，叫你求8支笔多少钱，你能求还是不能求？（走到一个没有举手的学生身边轻声问）你认为不能求，是吗？

生3：嗯。

师：做学问，最可贵的态度是"知之为知之，不知为不知"。她敢于表达自己真实的想法，精神可嘉，非常了不起！我提议所有老师和同学一起为这位同学的坚守和真实鼓掌。（学生鼓掌。）

师：孩子，"书读百遍，其义自见"，数学也是这样。我们一起边读边体会，可以吗？

（生3在教师的建议下连续读了5遍"2支笔10元钱"。）

师：你能读出一个看不见的数吗？（反复读"2支笔10元钱"。）

生3：1支笔多少钱。

师：怎么做出来？

（生3沉默，很多学生着急或者偷笑。）

师：我非常欣赏那些耐心等待同伴思考的同学，我相信她一定能做出来。

生3：10÷2=5。

师：这个5是什么？

生3：1支笔5元钱。

师：掌声鼓励！每一个人都可能遇到答不出问题的时候。当别人一时回答不出问题时，我们不要笑。人家可能只是一时紧张，只要给他足够的时间，相信他一定能想出来。老师相信，每一个人都能学好数学，只要给他足够的时间让他充分思考！（把目光投向生3）从2支笔10元钱中，你马上想到了1支笔5元钱，现在8支笔多少钱，你会做了吗？

生3：5×8=40（元）。

师：我把算式擦掉，再要你解答这道题，你能完整列式解答吗？（生3答略。）

师：前面那道题是已知"1"是多少，要求"几"是多少。那么，这道题是属于知道什么是多少，求什么是多少？

生：知道"几"是多少，求"几"是多少。

师：（边说边板书）这两个"几"表示的数量一样吗？

生4：不一样！

生5：一样就不用求了。

（教师用不同的色笔标出两个"几"，以示不同：这道题知道"几"是多少，求"几"是多少。）

师：（小结）求"几"是多少，可以寻找的条件有（　　）或者（　　）。

生：求"几"是多少，可以去找一份是多少，也可以去找几份是多少。

【说明：在上文中，生1只说出一半的话"知道2只铅笔……"就像一记重锤，把学生保持了5个学期的认知平衡破开了一个口，产生了"鲶鱼效应"，启发和激励每一个同伴重新审视自己的认知，探寻另外一种可能。经过自己的思考和群体的交流、碰撞，原来狭隘的认识得到了矫正，添加了一种新的认识——知道"几"也可以求"几"。至此，寻找解决问题的方向从一个维度变为两个；应用题新的构成要素和框架重新建立平衡，但是，这个刚刚建立起的平衡还是比较弱的、不牢固的。】

◎ 第二次"立"——求"几"，先求"1"

师：我们刚才算第一步 $10 \div 2 = 5$（元）的目的是什么？

生：把知道"几"是多少，变成已知"1"是多少。

师：这实际上是转化的思想，把"知道'几'，求'几'"简化为"知道'1'，求'几'"。再比如这道题，我不告诉你1小时行驶90千米，而是说3个小时行驶150千米，求7小时行驶多少千米。这属于"知道什么，求什么"的题，你要先做什么，再做什么？

生：属于知道"几"是多少，求"几"是多少的题。先求出1小时行驶几千米，然后求7小时行驶多少千米。列式是 $150 \div 3 = 50$（千米），$50 \times 7 = 350$（千米）。

师：（边说边板书）孩子们，他第一步先求150除以3等于50，就是把（　　）变成（　　）。

生：变成了"1"是多少，再求"几"是多少。

师：谁能把剩下的两道题变成知道"几"是多少，求"几"是多少的应用题？（学生反馈，略。）

师：（小结）知道"几"是多少，求"几"是多少的问题，解答思路是什么？

生：先求出"1"是多少，再求"几"是多少。

（教师板书箭头和步骤序号，形成如下板书，建立知道"几"求"几"的第一种解决方案。）

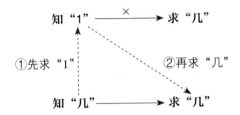

师：也就是说，要求几份是多少，既可以寻找相对应的 1 份是多少，也可以寻找几份是多少。（补充板书，如下图所示。）

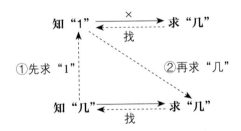

【说明：这个环节的跟进学习，不仅使得学生刚才建立起的弱平衡（归一问题的结构框架）得到了强化，还打通了"知 1 份"和"知几份"间的联系，习得了解决归一问题的基本解决方案和流程，使认知的新平衡更为丰富和稳定。】

◎ 第二次"破"——还可以怎么想？

师：（指着黑板上的题目和解法）2 支笔 10 元钱，8 支笔多少钱？难道只能这样做吗？还有别的方法吗？

学生独立思考，试用各种办法进行尝试；教师巡视，并不断激励和引导学生，收集学生的作品，展示学生作品，具体如下。

8÷2=4	8÷2=4（支）	8÷2=4（个）	8÷2=4（份）
10×4=40（元）	10×4=40（元）	10×4=40（元）	10×4=40（元）

【说明：这些展示的作品都征求了学生本人的意见，都是学生同意展示的。这一点非常重要，这是教师以身示范对人的尊重。】

师：最后结果也都等于40元，因此这些做法可能是对的。现在最重要的工作是，我们必须讲清楚，理解透它每一步表达的意义到底是什么。想一想，第一步8÷2是想先求什么？得数4的单位到底是支？是个？是份？还是什么？（大多数学生一脸茫然。）

【说明：上次打破的是解决问题的前提和结构，这次打破的是解答归一问题的策略和方法。】

◎ 第三次"立"——先求"倍"，再求"几"

师：大部分同学不会。画图可以帮助我们分析和理解。我们一起画：用1根斜线代表1支铅笔，2根斜线就代表2支铅笔。为了便于对比，我们在第二行对应画出要求的8支铅笔，这样便于分析……（最后形成如下板书。）

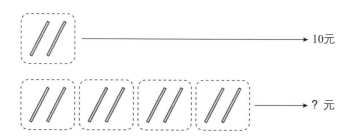

（学生画图并观察一会儿后，绝大部分学生豁然开朗。）

【说明：其实，在黑板上画图的这个学生此时处于认知的"次平衡状态"。人在各种内、外因的影响下，如果原有平衡稍有偏离，尚可自行恢复；但如果偏离程度稍大就失掉认知平衡状态时，称为"次平衡状态"。这个学生通过观察绝大多数同学和老师的反应知道这种解法是对的，但是自己又想不明白，经过短暂的挣扎之后，不排斥但也不接受，呈现一种中立状态——即认知的次平衡状态。】

师：为什么下面的笔要2支、2支地画？

生1：因为是2支10元。

师：你可以把两支笔看作一盒。

生1：老师我懂了，8÷2=4（盒），2支1盒10元，4盒就是40（元）。

【说明：该生在教师的启发下，通过自己的思考和解说，理解和悦纳了这种策略，这种策略也内化为学生认知的重要组成部分。】

师：把已知的2支看成一盒，8支就相当于4盒；把2支看成——

生：把2支看成1份，8支就是4份。

［教师把原来板书改为：

8÷2=4（倍）　　　8÷2=4（对）　　　8÷2=4（组）　　　8÷2=4（份）

这里的单位名称"倍"不需写，简写为：8÷2=4。］

师：继续看，如果告诉你3个班共96人，那么6个班呢？这道题用倍数关系如何解答呢？

生2：班级多一半，人数就多一半。

师：这是生活中的说法，你能用"倍"具体地描述一下吗？

生2：因为6个班是3个班的2倍，所以6个班的人数也是3个班的2倍。6÷3=2（倍），96×2=192（人）。

师：太牛了！你们发现没？知道"几"是多少，求"几"是多少的第二种解法是——

生：先求要求的那个"几"是知道的那个"几"的倍数，再求"几"是多少。

（教师板书如下页图所示。）

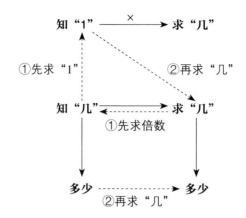

师：（小结）到目前为止，同学们思考出了两种解决路径：路径 A 是先求"1"是多少，再求"几"是多少；路径 B 是先求倍数，再求"几"是多少。

【说明："倍比"与"归一"是有显著不同的两种思考方向，这对三年级的孩子而言是很有挑战性的（教材上没有编排），而一切富于挑战性的事物或活动都有着深刻的心理动力学意义。学生在课上积极投入的热情状态，以及解决问题后的兴奋表情，都表明他们是非常享受这种挑战带来的刺激的。】

◎ 第三次"破"——"倍"感不适

（教师随手在黑板上写出一道题："24 支笔 120 元钱，8 支笔多少元钱？"）

师：第一步，判断这道题属于哪一种。

生：知道"几"是多少，求"几"是多少。

师：这样的题，你有几种解决路径？

生：两种。

师：哪两种？

（学生阐述，略。学生独立尝试练习。）

教师展示生 1 作品：120÷24=5（元）；5×8=40（元），并让生 1 说自己的思路；再展示生 2 作品：24÷8=3，3×_____。

生2：我先算24支是8支笔的几倍，求出来是3倍。接着，我想用3去乘120，口算得360元。8支笔不可能是360元呀，我也不知道咋回事了，就没往下写。

教师引导学生一起思考生2的思路，找出问题到底出在哪里。

【说明：学生刚刚建立的"先求倍数、再乘"的认知再次失衡，让学生"倍"感不适，又欲罢不能。学生再次追求平衡的渴望，促使他更为积极地思考和探索："问题到底出在哪里？"】

◎ 第四次"立"——"全景"倍的关系和运算

教师出示生3作品：24÷8=3，120÷3=40（元）。

师：这个结果是40。奇了怪了，我们原来做的这类题算出了倍数后，不都是用乘法吗？怎么又变成除法了呢？你自己琢磨琢磨，小组间也可以商量商量。（学生商量，最后所有学生都明白了，并做了如下讲解。）

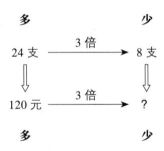

生1：这道题知道的这个"几"是多的，求的那个"几"是少的。这里的3倍，表示知道的这个钱是3份，求的钱才是1份。知道3份是120，求1份，用除法，不用乘法。（听课老师自发鼓掌。）

师：那先求倍数，再求"几"的这种思路，什么时候用乘，什么时候用除，你们能总结一下其中的规律吗？

生1：把知道的那个"几"和要求的那个"几"比，如果知道的"几"更少，用乘法；如果知道的"几"更多，用除法。

【说明：此时，归一应用题的"倍比"解法再次得到矫正、补充，"倍比"解法重获新的平衡。】

◎ 第四次"破"——倍之路"彻底不通"

师：数学和世界上所有事情一样，都有出人意料的时候。（边板书边读题）3 支笔 15 元，8 支笔多少钱？

生 1：用第一种方法解答：$15 \div 3 \times 8 = 40$（元）。

师：请用你们探索出来的第二种方法解答。

生：这怎么求啊？求不出来啊！好奇怪啊！……

师：遇到难题了？

生：8 除以 3，除不开啊！

师：是的，现在你除不开的，未来你才能解决。回头再看你们总结的规律：知道"几"是多少，求"几"是多少的，先求倍数，再求"几"，有改变或者补充说明吗？

生：补上"能除开的，可以先求倍数，再求'几'；除不开的只能先求'1'，再求'几'"。

师：课上到这里，你有什么感受？

生：用求倍的方法去解答的时候，想各种想法，看除开除不开，看求的几比知道的几大还是小……

【说明：学生看待问题、分析问题的视野更加周到、细致和完整了。】

◎ 第五次"立"——柳暗花明又"一村"

师：再思考，3 支笔 15 元，求 8 支笔多少钱，除不开的话是不是用"倍"解也有可能？是不是还有第三种、第四种解决路径？

这时候，很多学生一脸惊呆的表情，大呼："什么！除不开，还能？"有一个学生夸张地拍着脑袋嚷道："我快疯了！"

师：能！绝对能！先独立思考，实在想不通，合作解决！

【说明：学生此前历经了四次"行 → 不行 → 另辟蹊径 → 又行"。这些学习经验会让他们坚定地认为一定有第三、第四种，甚至更多种方法。而这些未知的方法对全班而言都是"空白"。当人对某事物全部或部分属性不了解时，本能地想添加此事物的属性。这种心理就是好奇心，而好奇心是"一种不依赖外在报偿便能促成某种行为的强烈内在动机"。它可以充

分促使学生自觉、积极和专注地投入对新属性的探究。果然，他们的创造之火迸发了……】

小组1：是不是可以这样，8÷3=2（倍）……2（支）。先求2倍的钱，15×2=30（元）；再求剩下的，先用15÷3算出1支5元，所以2支的钱为2×5=10（元），因此30+10=40（元）。

教师组织学生配合作图，再充分理解这个小组的思考过程。（如下图所示）

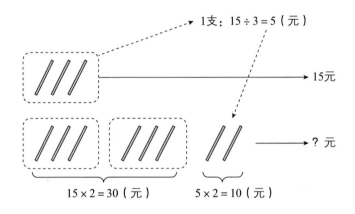

其他小组：太麻烦了，你已经求出来1支5元，干吗不直接乘8支呢?

师：孩子们，虽然这么做麻烦，但是这个小组给我们提供了一种新的解决路径和方法，这比什么都可贵！我们有A想法先求"1"，B想法先求倍，而这个小组——

生1：又求"1"，又求倍。

生2：他们的想法是A+B。

师：我觉得你们太牛了！把A、B两种方法结合起来了，变成一种新的方法A+B。这就是整合、综合带来的创新！掌声鼓励！

生3：我还有一种方法！把8支笔看成9支——

师：（紧急叫停，装傻并重复学生的话）他说把8支看成9支、把8支看成9支——

好几个学生心领神会地举手示意，并激动地喊道："可以！可以！我明白啦！……"

师：高！实在是高！人家还没说明白，你就已经听明白了！你能试着用画图的方法来说明吗？比比谁画得清楚，讲得明白。

学生反馈如下：

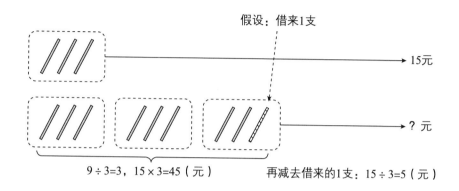

师：天哪！你们不仅发现了 A+B，还进行了假设。所以，第四种解决方案就是——

生：A+B+ 假设。

【说明：至此，学生经历了五次突破和改变，经历了从不同角度分析问题和解决问题的过程，体验了问题解决方法的多样性，掌握了多种分析问题和解决问题的基本方法，感受了数学更多的可能，品尝到了思维、创新和成功的快乐，达成了课前预设的"完整思维，学会思考，激发创新，开慧启智"的学习目标。】

◎ 第五次"破"，第六次"立"

师：第三种"A+B"和第四种"A+B+ 假设"的解决方案，都是在 $8 \div 3$ 不能得到整倍数的基础上，我们通过转化和变通得来的。其实，等你将来学了分数和小数后，你会有新的解法。比如，$8 \div 3 = \dfrac{8}{3}$，8 支是 3 支的 $\dfrac{8}{3}$，所以 8 支笔的价钱也是 3 支笔价钱的 $\dfrac{8}{3}$，用 $15 \times \dfrac{8}{3} = 40$（元）。这个不会不要紧，因为要到六年级才学。当然，感兴趣的同学课下可以继续研究。

【说明：学生目前暂时不懂 $8÷3=\dfrac{8}{3}$ ，我为什么还要单独"拎"出来分享给学生？目的是给学生打开一扇窗，让他们看见另一种可能，为未来的学习播下一颗认知的种子。这颗种子在"破""立"之间孕育，终有一天，会在学生合适的季节发芽、破土、长大、开花和结果！】

分类、比较与统计

[案例 17] "网住" 复式条形统计图

◎ 开篇自问

在这个信息化的时代，当我们遇到不知道或不确定的概念、词语、问题或现象时，我们的第一反应是什么？会首选什么工具，通过什么路径去查询、学习、研究和解决？

◎ 缘起和调查

2019 年 8 月底，我接到了《小学数学教师》杂志特约副主编陈洪杰老师的邀请，让我在 11 月中旬第十一届上海悦远小学数学"创意课程与教学"研讨会上，上一节全景式数学教育视野下的统计课。在三个月的准备期里，我查阅了大量关于统计和统计教学的资料，进行了深入的反思和研究；并调查了百余名五、六年级学生和几十位数学教师。结果如下。（其中多项调查结果让我备感意外，大家猜猜是哪几条？）

参与调查的学生（121 人）的状况：

① 没有一个人能说清楚什么是统计。

② 没有一个人知道统计工作的四个基本过程（统计设计→统计实施→统计分析→统计应用）。

③ 除了数学课和数学作业外，没有人因为生活必需画过条形统计图。

④ 很多学生曾经在报刊、网络上见过这样的统计图。

⑤ 在学习过单式统计图的基础上大都能基本正确解读复式条形统计图。

参与调查的教师（96 人）的状况：

① 除了教学，没有老师因为生活的必需画过条形统计图。

② 很多老师不是很清楚"统计"和其他一般性数学内容的区别。

③ 很多老师不是很清楚数和数据的区别。

④ 大都认为统计过程是收集、整理、描述和分析数据。

⑤ 大都认为统计的功能主要是判断和推测。

⑥ 大多数老师认同教材编排的教学过程：源于生活调查的复式统计表→两个单式条形统计图→引导学生自己悟到为了加强对比需要合二为一→让学生尝试把两个单式统计图合并成一个统计图→看图回答问题（很多人认为这就是"分析"），即经历复式统计图再创造的过程，并选择按照这个流程进行教学。

在充分了解学生，了解统计的教学现状和了解统计学的基础上，我开始思考：在信息化时代，我们遇到一个不知道的概念、问题，首选的学习和解决路径是什么？清楚了这个问题后，我也就清楚了学生该如何学复式条形统计图，并与陈洪杰老师进行了沟通，确定了现场执教的方案。

◎ 自明"学什么"

师：今天，我们学习统计方面的内容。在统计中，这叫什么？（如下图所示）

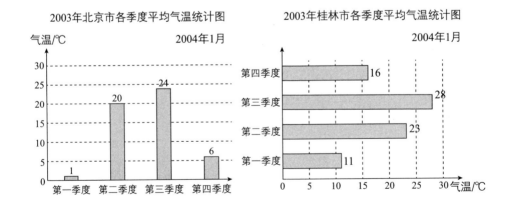

生：条形统计图。

师：（板书）条形统计图是数据整理和表达的一种方式，分纵、横两种。它最大的优点是什么？

生：很容易看出数量的多少。

师：我们以前学过的这种统计图，叫单式条形统计图。今天，我们要研究的是复式条形统计图（板书课题）。看到这个课题，你想到了什么？有什么问题？尽管提。

学生提出的问题如下：

什么是复式条形统计图？

复式条形统计图有什么特点？

和单式条形统计图相比有什么不同？

为什么学？有什么用？

复式条形统计图的优势是什么？

怎么画复式条形统计图？

教师板书成思维导图。（如下图所示）

【说明：先让学生自己发现问题，提出问题，后面的学习环节都用这些问题启动，围绕学生想要解决的这些问题展开，让课堂真正成为学生解决自己的问题的地方。这是全景式数学教育坚持的一项基本教学原则。】

◎ 探讨怎么学

师：这些问题怎么解决？也就是我们该怎么学？（教师在思维导图中

补充板书：怎么学？）

生1：你教啊！

师：我不想教。

生2：看书自学。

师：了不起！从让人教到自己学，是一个了不起的飞跃！掌声鼓励这个提出自学的同学！但是，很不幸，你们这册课本上没有。

生3：查资料。

师：（面向全体）你们带资料来了吗？

生：没有！

生4：我们讨论！

师：你们大约需要多少时间讨论出来？

生4：5分钟。

师：行，就给你们5分钟，你们讨论，我计时。

（学生讨论了4分钟就自动停止了。）

师：讨论是在合作学习，试图在不同的思考中碰撞出解决问题的火花。通过讨论解决了这些问题的小组请举手。（无人举手。）

师：一个小组都没有。孩子们，这很正常。如果所有的问题光靠大家讨论一下就能解决的话，这个世界就太简单了。但是，通过讨论碰撞出一些新想法或者解决部分问题还是有可能的。你们碰撞出了哪些新想法？

小组1：我们猜复式条形统计图是单式条形统计图的升级版。

小组2：我们猜把几个单式条形统计图合在一起就是复式条形统计图。

小组3：我们猜复式条形统计图应该和单式条形统计图差不多，只是可能条条比较多，比较复杂。

小组4：我们猜复式条形统计图就是重复用单式条形统计图。

师：敢于在单式条形统计图的基础上进行推理和猜想，非常了不起！很多数学知识就是这样创造出来的！怎么证明你的猜想是对的，也就是我们到底该怎么学呢？想想还有什么好办法？

生：上网查。

【说明：当学生提出讨论研究的时候，我在课堂上曾经犹豫过。明明知道让他们讨论不会真正解决这些问题，但我还是决定尊重他们的意愿，拿出课堂上宝贵的 5 分钟时间让他们"浪费"，目的就是让学生在亲历过程中体会到讨论的确是解决问题的方式，但同时也有它的局限性。事实证明，这段时间的"浪费"是非常值得的。】

◎ 利用网络自学

• 了解网上的自学路径

师：在搜索栏里输入——

生：复式条形统计图。

师：点击后，你看看出现了哪些可以查阅的项目？

生：图片、视频、知道、文库等。

师：注意这里还有相关术语，我们看看都有什么？

生：复式折线统计图、条形图、图例……（有的学生不由自主地说："原来还有复式折线统计图！"）

• 单式、复式条形统计图的异同和联系

① 自主比较、观察、思考和发现。

我们看网上出现这么多形象、直观的图片。我们随便选两张，请你对比、观察、思考复式条形统计图和单式条形统计图到底有哪些异同和联系。（如下图及下页图所示）

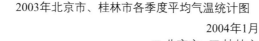

2003年北京市、桂林市各季度平均气温统计图

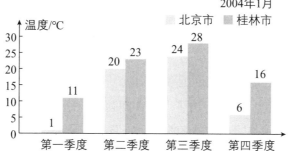

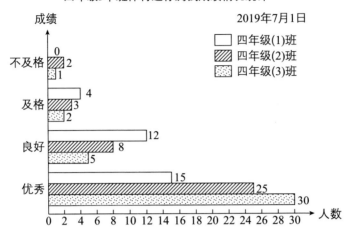

四年级3个班体育达标测试成绩情况统计

② 交流反馈。

第一，对相同点的反馈。

学生通过找共同点，梳理出了条形统计图的构成要素和结构：标题，统计日期，确定纵轴和横轴（项目、单位量、数量），直条，标注数值等。

第二，不同点和联系。

第一点，颜色不一样，单式条形统计图只有一种颜色，复式条形统计图有两种以上的颜色。

师：复式条形统计图为什么要那么多颜色啊？

生：为了区分。

第二点，单式条形统计图的一个项目只统计一个数量，复式条形统计图统计好几个数量。

第三点，单式条形统计图的每个项目上只有一个条条，复式条形统计图有两个以上的条条。

师：这又是为什么？

生：这样很容易比较它们的多少。

师：真了不起！你们解决了一个大问题——就是人们通过复式条形统计图，不仅能很容易看出数量的多少，而且便于比较。

第四点，单式条形统计图的时间下面没有标注颜色代表什么，而复式条形统计图标注了。

师：你知道这叫什么吗？

生：颜色说明、备注、解释等。

师：看看网上复式条形统计图的"相关术语"，猜猜，它叫什么？

生：图例。

师：像这样用来说明哪种图代表什么的例子，叫图例。为什么单式条形统计图不需要图例，而复式条形统计图却要有图例？

（学生答略。）

第五点，复式条形统计图是把几个单式条形统计图合在一起的，这样比画几个单式的更简捷。

师：真了不起！不仅便于比较，还更简捷（板书：简捷）。

生：只需要一个标题、纵轴、横轴……，省事，节约纸，节省时间。

师：太牛了！你们仅仅凭借几幅图，通过观察、对比和分析，就发现和感悟到那么多新东西，真了不起！以后，自学其他内容的时候，你也可以借助网络找资料，从观察、对比、分析和猜想开始，尝试尽可能自己先去理解。因为所有知识只有经过自己独立、努力、充分思考和尝试，后面才会学得更好。

• 专项研究特殊的复式条形统计图

师：上面这个统计图（如第 166 页图所示）有一个奇怪的地方，你发现了吗？

生：不及格的画了两个直条，而及格、良好、优秀的都画了三个直条。

师：它明明是三个班进行对比的，为什么不及格这个地方只有两个直条。这说明了什么？

生：四年级（1）班没有不及格的。

师：现在，你们把复式条形统计图和单式条形统计图的区别都找出来了，你们找得全不全、对不对？怎么核实啊？

生：上网查。

教师引导学生上网搜索，并阅读复式条形统计图和单式条形统计图的区别。

● 学习方式的自省和明晰

师：课上到这里，我想了解你们真实的想法。你们觉得像复式条形统计图这样的学习内容，非得要老师教吗？

生：不一定，可以上网、看书或看资料自学。

师：你非得在教室里学、到学校里学吗？

生：在家里可以学，坐车也可以学，到处都可以学。

师：是的。不仅仅是数学，也包括其他学科，很多知识完全可以离开教师学习，离开课本学习，离开教室学习，离开学校学习。关键是你想不想学。只要你想学，无时无刻无处不可以学！因此，在学习中确定怎么学非常重要！（在"怎么学"下面画上五星）。

【说明：全景式数学教育在尝试构建一种以学生的学为中心的课堂，着重对学生的学习力培养。试想，学生在学习中，如果都能主动地思考和探寻怎么去学，并找到适合自己的学习方式，学会学习的话，那么学什么、学多少、学到什么程度等便不再是问题了。】

● 定义复式条形统计图

师：通过自学、上网学，你能试着说一说什么叫复式条形统计图吗？

学生独立思考后，小组交流，整合成小组意见；教师巡回观察、组织、协调、指导。

生1：有标题、日期、图例、横轴、纵轴、字、颜色不同的条，这样的条形统计图叫复式条形统计图。

师：描述式定义，掌声鼓励。他敢于下定义。还有不一样的吗？

生2：有不止一个条，有字、横轴、纵轴、数字，还有图例，这样的统计图叫复式条形统计图。

师：掌声鼓励。谁可以不用描述式的办法来定义？

生3：能更具体地看到同一个项目不同数量对比的条形统计图叫复式

条形统计图。

师：哇，你知道这个孩子最牛的地方在哪儿吗？她说出了复式条形统计图最核心的功能。太厉害了！

生4：复式条形统计图是对两个或者两个以上的东西进行比较，然后画出来的这个条形统计图。

生5：有时间，有图例，一个项目上有两个或两个以上直条的统计图叫复式条形统计图。

师：真牛啊！为了比较两个或者两个以上的量，画出来的那一幅条形统计图就叫复式条形统计图。

师：（面对听课老师）老师们，你们能想象到孩子们能说出这样的概念吗？我惊叹于他们的思考和创造，他们在创造复式条形统计图的概念。

师：孩子们，你们真了不起！

● 自学路径的再强化

师：（边操作电脑边解释）孩子们，你们创造的复式条形统计图的定义让张老师叹为观止。你们想不想知道百度百科上的定义？你们看，百度百科上对复式条形统计图下了定义，非常详细，此外还有分类、画法等。（指着第一环节中学生自己提出但还没有研究的问题）还需要在课堂上学吗？

生：不需要，我们在家里、课下任何一个场所都可以学。

师：你们真是太棒了！

◎ 亲历应用——完整认识统计过程，解决为什么学

【说明：全景式数学教育主张"让学生在自己真实的生活中学习真的数学"，强调"数学学习的情境要尽可能和学生的生命发生自然、真实、充分、深度的连接"。在下面这个学习环节里，要研究的事儿就是学生自己当下的生活，是和学生自身发生生命连接的真实生活，是和学生自己当下及未来的心情、学习息息相关的问题。在这个环节里，所有学生都会在自己的学习、生活中亲身经历统计工作的全过程，感受统计在自己学习和生

活中的真实需要和价值，解决自己提出的问题——为什么学。】

● 统计的设计

① 缘起。

师：孩子们，当老师通知你星期天还要到体育馆和一位陌生的老师一起上一节数学课时，你有什么想法？

生1：上什么课？

生2：上多长时间？

生3：我本来不想来的。

师：是的。很多人会想：去，还是不去？你希望给你们讲课的是男老师还是女老师？（有的说男老师，有的说女老师。）

师：你看看，男生、女生想法有所不同。如果我们要比较男生、女生到体育馆上公开课的心态，你觉得我们要先干什么？

生：先统计人数。

师：统计什么人数？

生：男生、女生人数。

师：男生、女生什么人数？

（学生一时语塞，无以应对。）

② 设计——目的、项目、方式……

师：我相信很多同学甚至很多大人都是这样认为的。其实，统计的第一步不是调查统计数据，而是进行设计，叫"统计的设计"（板书）。有很多人不知道这一步。就是我们要先确定调查统计目标，确定要调查哪些项目。回到前面的话题，目的是了解、比较男生、女生到体育馆上公开课的心态。为了达成这个目的，我们要调查哪些项目呢？

师生依次讨论出：想来，不想来；希望男老师上，还是女老师上；上课时希望被提问到，还是不希望被提问到；讲书上的内容，还是不讲书上的内容……

师：这些确定后，接着干什么？

生：去统计人数。

师：怎么统计人数？说说看。

学生通过头脑风暴想到：报数、举手、接龙、起立让老师数、投票、写在纸上、设计好调查表我们自己打钩……教师根据学生的回答板书。

师：你们说的这些实际是在设计——

生：统计方式。（教师板书。）

师：你看，有这么多方式，它们各有优势。比如，填在纸上的好处是：第一，能长期保存，有据可查；第二，能真实地反映你的心态。比如，你明明希望女老师上课，但是你看我是男的，如果不选男的，就会觉得不好意思。但是匿名调查可以更真实地反映心态。因为时间紧张，怎么样调查最方便，最省时间？

生：举手或者站起来，直接数。

师：（指板书：举手、起立）统计的数据要及时——

生：记录。

师：记录的方式有几种？

生：拿纸写，用脑子记。（众笑。）

师：信息化时代，我们还可以直接用电子表格记录（在电脑上调出电子表格）。

●**统计的实施**

师：这些都设计好之后，我们下边可以干什么了？

生：去统计。

师：对。这是第二大步，叫统计的实施（板书）。

① 资料收集（统计数据，记录数据）。

教师呈现电子表格。（如下页图所示）

数据——真实是统计的生命。

▲	A	B	C	
1		男生	女生	
2	想　来			
3	不想来			
4	无所谓			
5				
6	男老师			
7	女老师			
8	无所谓			
9				
10	希望被提问到			
11	不希望被提问到			
12	无所谓			

师：项目设计好了，接下来，我们开始实施统计。咱们先统计男生的数据，找两位女生同时数。大家想想为什么我要找两个人同时数，而不是让一个人来数？

生：可以互相检查，保证不出错。

师：对，两个人可以互相比对。还有一个注意事项：一个男生能不能既选"想来"，也选"不想来"？（生：不能。）能不能都不选？（生：不能。）

师：对的。每一个人都必须选一项而且只能选一项，统计的对象不能重复，也不能遗漏，这是统计规则。还有一个更重要的规则：就是你必须实事求是、真实地表达你的想法。真实反映事物情况，是统计的生命（板书：真实是统计的生命），否则统计就失去了意义。

统计的次序和结果是：不想来的1人，想来的6人，无所谓的10人；希望是男老师的13人，希望是女老师的0人，无所谓的5人。这时候，教师叫停了统计，并引导学生观察人数，看看能发现什么。

生：人数不对了。1加6再加10是17人；13加5不是17人，有人没选或者有人乱选。

师：出现了这种情况，你们觉得我们统计的这些数据有意义吗？（生：没有。）它是没有按统计规则得出的统计结果。真实是统计的生命，不仅事物情况要真实，统计的数据也必须是真实的！（再次圈画"真实是统计的生命"）一旦发现数据不真实，必须推倒全部重来。我们不是在浪费时间，而是对真实的坚守和敬畏，这是统计也是我们做任何事情时都必须坚守的原则。

师生一起重新经历数据的统计过程。重新数男生的总数，发现是第二次统计出错了，改正为：希望是男老师的 12 人，希望是女老师的 0 人，无所谓的 5 人。接着统计：希望被提问到的 4 人，不希望被提问到的 4 人，无所谓的 9 人。

生：这次一定对，加起来正好 17 人。

师：真了不起，随时判断数据是否真实！真正的统计精神！

女生统计数据：想来的 4 人，不想来的 3 人，无所谓的 8 人；希望是男老师的 5 人，希望是女老师的 1 人，无所谓的 9 人；希望被提问到的 1 人，不希望被提问到的 3 个，无所谓的 11 人。

师：统计的实施这个环节，目前我们已经做了三件事：一是调查统计数量，二是记录数据，三是顺手整理成了统计表。

②资料再整理（表达）——画复式条形统计图。

【说明：统计的一些过程不是泾渭分明的，很多工作都是你中有我、我中有你的。比如，很多统计资料的收集和初步的整理工作往往是同步进行的，上个环节中的记录其实已经被顺带整理成了简单的统计表。】

师：数据我们记录好了，下面我们该干吗了？

生：画复式条形统计图。

师：数据的整理和表达。（板书）现在我给大家时间，你们自己来画。估计一下，大概要画多长时间？

（答案有 10 分钟、8 分钟不等，但是没有低于 5 分钟的。）

师：我做这个复式条形统计图不会超过 30 秒，而且非常标准。你们信吗？

生：怎么可能！

师：孩子们，你们根本不需要用手画，我们一定要积极地并善于使用现代工具。比如电子表格，可以用"插入图表"工具，瞬间解决问题。

师生共同演示：选中全部图标区域→插入→全部图标→条形图→插入→生成复式条形统计图。

再输入标题和统计制图时间：五（3）班男生、女生去体育馆上课心态对比调查图，2019 年 11 月 16 日。

师：有兴趣的同学，课下可以试着插入柱状图或其他类型的统计图玩玩、比比、看看。

● 统计的分析

【说明：如前所述，统计的很多工作是互相联系且不可分割的。我们大致地进行区块式划分，是为了学生更容易、更简捷地熟悉这些工作和流程，以形成结构化的认识。同时，这个环节，是对数据背后隐藏的事物情境信息的洞察、判断和决策等。】

师：统计图制作出来之后，我们进行第三项工作：统计分析（板书）。

［接着，又引导学生经历了极值寻找、同类数量的比较（多少、差值、倍数关系等）、同类数据的合并求和、平均数等分析过程。］

● 统计的应用

① 当下之用。

师：我们一起看选择上课老师的偏好这一项，男生中希望是男老师的 12 人，希望是女老师的 0 人，无所谓的 5 人；女生中希望是男老师的 5 人，希望是女老师的 1 人，无所谓的 9 人。综合来看，希望是男老师的 17 人，希望是女老师的 1 人，无所谓的 14 人。根据统计结果，你可以给研讨会主办方和学校提供一个什么样的建议吗？

生：多请男老师来上课，因为从统计数据中可以看出来，不管是男生还是女生，都更欢迎男老师。（会场老师大笑。）

师：你看你现在用分析的结果来指导办会了，这就是统计的第四项工作——统计的运用（板书）。统计就是为了使我们对事物认识得更加全面、真实、深入和深刻，为我们进一步认识和行动提供指导和预测的。不过，同学们需要注意的是，这仅仅是统计我们班的结果，能在一定程度上反映同学们的偏好，但要更有说服力、更准确的话——

生：就要调查更多的人，调查所有来听课的学生……

【说明：引导学生意识到部分（样本）调查的资料（数据）的随机性。统计可以反映事物内在的一些信息和特征，但是用部分预测整体，用少数预测多数可能会出现偏差甚至谬误。随着调查和数据逐渐增多，统计就能更全面，更准确，更接近真相。】

②应用眼光的拓展。

师：统计不仅在我们的日常生活中起着重要的作用，社会上大大小小的事情，其实都离不开统计。为了充分发挥统计工作的重大意义，国家设置专门的国家统计局，省有省统计局，各个区域也有统计局。统计关乎我们国家的命运，关乎每一个人的生活。国家为了培养专业的统计人才，在大学还开设了统计专业。我们来看一看，全国高校统计专业的前二十强。（图略）你将来有可能成为名牌大学统计专业的学生，成长为统计专家，为国家和人民的统计工作做出贡献。

●环节回顾和总结

师：（指板书）孩子们，这节课我们通过研究你来体育馆上课这件事发现，统计的过程实际上分成哪四大块？每一块的主要工作和做法是什么？你能简单地聊聊吗？（学生反馈，略。）

◎ 全课回顾、总结

师：我们今天学习了什么？你都有哪些收获？还有哪些问题？
（学生反馈，略。）
教师主要引导学生聚焦下面几点。

第一，感悟过程和方法。

A：提出问题→先独立尝试和探索→利用资料、网络自学→应用。

B：学什么→为什么学→怎么学→为什么这样学→怎么用。

核心是如何利用网络进行自主研究。

第二，认识统计工作的基本流程、意义和价值，理解实事求是的精神。

学生提出了很多与统计相关的问题，比如，到底什么是统计等。

师：你们从一年级开始就学习统计，现在到了五年级，不要说你们，就连很多大人到了四五十岁，也未必说得清楚什么是统计。到底什么是统计？你还需要问我吗？

生：上网查。

师：是的。关于复式条形统计图我们还有很多问题没有解决，你还可以利用其他工具去研究。

附：关于统计、关于学的几点补充说明

【关于统计】

● 统计和其他一般意义上数学内容的区别

统计要认识的对象是具体事物的特征，是有关具体事物数量方面的特征，最终要得到的是数据背后的现实背景的信息，而不是数量本身。数学研究的是抽象的数和数量，是从现实中抽象出来的定义和假设，是数和数量及其关系本身。

● 数和数据的区别

① 如果单纯从数和数据的角度来说，一般意义上的数学研究的是数，而统计研究的是数据。

② 关于数和数据的区别，我们可以借助具体例子来说明：93 是一个数；93 公斤是一个数量；某人的体重是 93 公斤，是数据；这几头猪的平均体重是 93 公斤，是数据；一个学生的数学成绩是 93 分，是数据……

③ 从上面的例子可以看出，数据是事实或观察的结果，是表示客观事物的未经加工的原始素材。数据和关于数据的解释是不可分的，数据的解释是指对数据真实含义的说明。当然，数据又分为实验的数据和调查的数据。

④ 数据没有对错，只有真假。在统计中，所有数据都必须是真实的。

● 关于统计的职能

① 信息职能。根据科学的统计指标和调查方法，采集、处理、传输和贮存数据本身就是描述某种事物基本特征的信息。通过这些信息，我们可以认识到某种事物的特征。

② 咨询职能。综合分析统计信息资源，做出预测和判断，为决策和管理提供可供选择的建议与对策（很多人把其中的预测和判断当成统计功能的全部）。

③ 监督职能。统计调查和分析能反映事物的总体状态，可帮助人们对其实行定量检查、监测和预警，并按照规律看待和应对各种状况。

【关于学】

● 小学学习统计的意义到底是什么

虽然小学生，甚至很多成人，从没有因为生活必需而画过条形统计图，但是，这绝不意味着小学生不需要学习统计。让小学生学习统计的目的更多的是培养学生初步学会用统计的眼光"看"世界的观念和能力。比如，许多问题应当先做调查研究，收集数据，通过分析做出判断，然后采取针对性行动；比如，体会数据中蕴含的信息，通过数据进一步认识事物特征；比如，有足够的数据就可能从中发现规律等。

● 让数学学习有更多的可能

数学学习可以是从原点开始的再创造，也可以是站在前人的肩膀上，对已有的探索结晶的理解和接受；可以执因索果，也可以执果索因；可以从整体到部分，也可以从部分到整体；可以从生活到数学，也可以从数学到生活……

学生对数学很多内容的学习，还有其他学科的学习，完全可以从传统的校内课堂集中授课中解放出来，更多地离开老师、离开教室、离开学校自主学习……。就像这节统计课一样，掏出手机，上个网，查一查……，回归人学习的真实状态、正常样子和普遍的样子。

[案例 18] 不一样的比较

◎ 新探学习活动 1：一"看"知长短

师：（板书：长短）这两个字认识吗？

生：认识。

师：在自然界和生活中，物体一般都有长有短。（投影实物，如下图所示。）

师：很多时候，物体的长短，我们一看（也就是观察）就能知道。现在，你能观察出来哪支笔最长吗？（一生取出。）

师：你能观察出来哪支笔最短吗？（一生取出。）

师：剩下的两支笔，贴标签的长？还是没贴标签的长？

生 1：没贴标签的长。

生 2：我感觉贴标签的长。

生 3：一样长。

师：现在出现了三种情况，还有没有第四种情况？

生：没有，要不贴标签的长，要不没贴标签的长，要不一样长，没有别的了。

师：比较两种物体的长度，要不你长，要不我长，要不一样长，不可能出现第四种情况。

【说明：让学生完整认识比较物体长短，存在且只能存在这三种情况。】

师：同意没贴标签的长的同学请举手。（近一半学生举手。）

师：同意贴标签的长的同学举手。（近一半学生举手。）

师：同意一样长的同学举手。（少数学生举手。）

师：有没有三种情况都同意的？（没人举手。）

师：（故作惊讶）怎么没有呢？

生：只能有一种是对的，不会都对的。

师：比较它们的长短，猜测可能有三种情况，但最后的比较结果只能有几种是对的？

生：一种。

【说明：这和上面的问题"有没有第四种情况"相辅相成。】

师：棒！到底哪一种是对的呢？光靠看已经不行了，那你有什么办法比较出它们到底谁长谁短？

◎ 新探学习活动 2："看"不出来时，怎么比长短

生1：我把它们放在一起比！

师：怎么放在一起？你来这里放给大家看看。

生1：（到讲台上把笔的尾部对齐，然后指着笔尖）它多出来了，所以它长。（如下图所示）

师：还有不一样的吗？

生2：（把笔尖部对齐）我把笔尖对齐，看笔的屁股（生笑），屁股多出来的就长。（如下图所示）

师：还有不一样的吗？

生3：把中间对齐。（上台演示了这样的比较方法，如下页图所示。）

生4：我还有。（跑到展台上把两支笔竖了起来）高出来的那个就长。

师：他这样把笔竖起来往桌上一放，实际和哪个同学是一样的？

生：和把笔屁股对齐那个同学是一样的。

生5：我可以这样比。（把两支笔拿在手上把一端对齐。）

师：放在展台上，哪支长？

生：没贴标签的。

师：放在手上呢？

生：也是没贴标签的长啊！

师：如果我们不削、不破坏它们的话，拿到上海呢？

生：还是没贴标签的长。

师：拿到月球上呢？

生：拿到哪里都是没贴标签的长。

【说明：趁机渗透了守恒、变和不变的辩证思想。】

师：你们真了不起，都成哲学家了！哎，如果不让这样对齐，你还有别的办法吗？

生6：称一下，重的那个就长。（听课教师喝彩和鼓掌。）

师：孩子，你太有想法了，真了不起！奖励一张红卡①。

生7：用格尺量。

师：谁明白他的意思？

生8：他的意思是用格尺量，看谁短，看谁长。

① 我和学生约定奖励卡分为三种。蓝卡为自控奖卡，学生感觉一节课自控力较好、比较专注，可以自取一张蓝卡。绿卡为发言奖卡，学生只要发言，不论对错都会得到一张绿卡。因为发言的目的不是答对，而是表达和分享自己的想法，凡是敢于和全班同学分享自己想法的同学，都应该得到鼓励。红卡为奖励奖卡，奖励提出了一个别人没有想到的问题，或指出老师、同学、课本错误的学生。

师：这是一种好方法，用尺子量是二年级才学习的内容，我们可以挑战一下。谁会量？

生9在展台上操作如下图所示。

下面立刻有几个学生反对："要和尺子的头对齐。"生9一下子没了主意，把笔跟尺子的一端对齐了。

生10：不对，应和零对齐。

生9操作如下图所示。

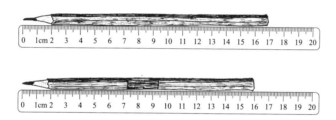

生9：贴标签的刚好到16，没贴标签的快到17了，所以没贴标签的长。

师：同学们真了不起！量的时候，一般要和谁对齐？

生：和0。

师：刚才这个同学和1对齐，是不是也可以呢？我们来看看。

师：贴标签的指到了几？

生：17。

师：没贴标签的呢？

生：快到 18 了。还是没贴标签的长！

师：对齐 1 能不能量？

生：也能量。

师：所以刚开始这个同学对齐 1 也是可行的，再一次掌声鼓励他。（学生鼓掌。）

师：除了量，还有其他方法吗？

生 11：可以这样放。（摆放如下图所示）谁先碰到尺子谁就长。

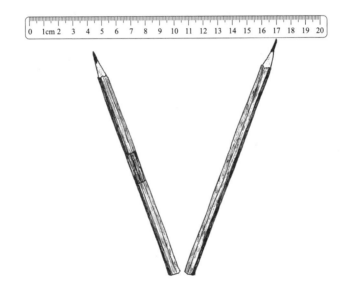

师：太了不起了！只要这两支笔离纸边的倾斜度一样，谁先碰到尺子谁就长！有初中学生的水平了，棒极了！奖励一张红卡！

生 12：我还有不一样的办法。可以把手放在铅笔的两头。然后，两只手不动，再对另一支笔，你就能知道谁长了。

师：孩子，太棒了！你又发现了别人都没发现的方法。谁还有和上边都不一样的方法？

生 13：就是两根铅笔，看它的影子，影子长的就长。

师：他不比笔本身，而是去比它们的影子。掌声鼓励。

生14：（跑到黑板上画）我按这个铅笔（没贴标签的）的长度画一条线，再按这个铅笔（贴标签的）的长度画一条线，就知道哪根短哪根长了。

【说明：这个孩子的测量和比较策略，已经触及了比较物体长短的本质——比较物体两端之间的距离。】

师：你还有不一样的方法？

生15：把两支笔全部贴上标签，哪个贴得多，哪个长。

【说明：这个孩子真了不起！他的想法已经触及了"长度是相同计量单位的累积"，和"比长度实际比的是包含相同长度单位的个数"的数学本质。】

生16：拿线把铅笔缠起来，看谁缠得线多，谁就长。

生17：用转笔刀削，谁削完转得圈数多，谁就长。

生18：把它们竖着放在水盆里，谁露在水面上的多，谁就长。

【说明：孩子们在课堂上共同学习，其最重要的价值就是通过分享各自的想法，互相启迪和激发，碰撞出更多的创造性火花，实现了智慧的共生。】

师：孩子们，比较两支笔的长短，绝不止这些方法，你们还会发现有很多很多的方法。回去之后，你们再想，想到不一样的方法可以直接打电话告诉我。

【说明：在学生明确了比什么后，怎么比（即比较的方法）便成为研究和学习的核心。思考、探寻、比较和辨析不同的比较策略，正是对学生发散、求异、创新等思维能力的培养，是在培养和历练学生面对不同的情境，采用多种方式解决问题的能力。

我在此处让学生课下继续畅想，且故意不比较各种方法的优劣，没有让学生对比较方法进行所谓的优化，主要有两点考虑。一是这些方法真的没有所谓的优劣之分，面对不同的情境，相应的每一种方法可能都是那个当下、那个情景中最合适的、最优的方法。因此，很多课面对很多解决问题的路径，我很警惕让学生比较和优化出某种最好的办法。这也是为了保

护学生多角度思考和解决问题的意识，让他们在思想上永远保有解决问题更多的"可能性"。】

◎ 新探学习活动3：比声音、时间等不可见事物的长短

师：孩子们，你们刚才进行了一场了不起的头脑风暴，想出了很多连大人都想不到的比较方法。太了不起了！我们先休息一会儿，吊吊嗓子。

师：（拖长了音）啊——你能"啊"得比老师长吗？

生：啊——（比老师长了好多。）

教师又"啊"了四五秒，让学生"啊"得比老师短，学生就短促地"啊"了一声。

师：（"啊"了更长时间）你们能比我"啊"得更长吗？

学生都兴奋地大吸了一口气，竭尽全力地"啊"，直到憋得脸红脖子粗，不能发声为止。

师：停！别憋着了！（众大笑）你们的声音长，实际是因为你们用的什么比我长？

生1：我们用的喉咙比你长。（听课的众位老师爆笑。）

师：你张开嘴我看看，你的喉咙有多长？（众又大笑。）

生2：我们用的气息比你长。

生3：我们用的时间比你长。

师：是的。你们用的气息长，实际上也就是发音的时间比我长。生活中不仅可见的东西有长有短，看不见的时间、气息、声音也有长有短。人和动物的寿命也——

生：有长有短。

【说明：正所谓"一张一弛，文武之道"。上一环节的挑战强度很大，思维的激烈碰撞让每个学生都很亢奋。在这里安排这个游戏化的学习，调节一下学生的身心，同时通过这个活动，从比较具体可见的实物过渡到比较看不见的声音、气息、时间、生命等抽象物质的长短，丰富和完善了学生对物质长短的认识。】

◎ 新探学习活动 4：比曲线的长短

师：好，我们回来继续学习。请看屏幕，这是两团毛线。（如下图所示）

你能看出哪一团毛线长吗？

【说明：在学生调整身心后，从比"直"物转向了比"曲"物，开启了新一轮的挑战。】

生1：团大的那个长，团小的短。

师：有不同意见吗？

生2：我觉得团小的线长。

师：为什么？

生2：奶奶跟我说过，如果你想分清长短的话，不能看它们的大小，得看它们缩的松紧。

师：哇，有道理！现在我们看这两团线，到底谁长谁短。怎么验证？

生：把它们都拉直了。

师：怎么弄？你来做给大家看。

学生发现线太长，自己拉不直，就请了一个同学帮忙拉直，将一端对齐。经过比较，证实了团小的短。

师：（把毛线收过来，重新搓成团）这样的线叫什么线？这样（学生拉直的那条）的线又叫什么线？

生：毛线！（众笑。）

师：不看它的材料，只看它们的形状、样子，这根拉直的叫什么线，这根弯弯的叫什么线？

生：弯的叫曲线，直的叫直线。

师：真了不起！竟然知道这是曲线。怎么比较曲线的长短？

生：拉直了再比。

师：（板书：曲线→直线）通过验证，我们发现，团大的和团小的比——

生：团大的长，团小的短。

师：都同意？

生：同意！

（教师在展台上出示，如下图所示。）

师：哪个长？

生：线细的长。

师：（故意满脸茫然）为什么？你们刚才不是说团大的长吗？！

生：因为那个线很细。

师：因为线细所以它就长吗？我们怎么比呢？

生：把曲线先变成直线。

师：真了不起！化曲为直，学了就会用！

【说明：让学生自己感悟并亲身体验化曲为直的比较方法，实现了比"直"和比"曲"的转化和统一。】

（两个学生拉直比较后，发现两团线一样长。）

师：什么叫一样长？

生：拉直后两头都正好对齐，就是一样长！

师：真了不起！一样长，我们数学上就说这两条线长度相等。

【说明："一样长"出乎更多学生的意料，产生惊喜和更强的吸引力，同时也巧妙地让学生认识到"两端都正好对齐"的两个物体长度是相等的这个完全对应的特质，从而也可以进一步感悟到，两端不正好对齐，便有了长和短。】

◎ **新探学习活动 5：比远近**

师：下面请语文老师上来，我们一起做个游戏。（我和语文老师都站在黑板的左侧）现在我们都变成了蚂蚁。语文老师比较白，就叫白蚂蚁，那张老师叫——

生：黑蚂蚁！（众笑。）

师：白蚂蚁的家在那个墙角（黑板的左侧）；黑蚂蚁的家在教室右侧的墙角。谁的家远，谁的家近？

生：黑蚂蚁的家远，白蚂蚁的家近。（教师板书：远和近。）

师：我们俩见面后，各自爬回自己的家。（两位教师作蚂蚁爬行状）你觉得谁爬的路长，谁爬的路短？

生：黑蚂蚁爬的路长，白蚂蚁爬的路短。

师：比家的远近，实际上就是比什么？

生：实际上就是比路的长短。

师：远就是指路比较——

生：长（教师用箭头连接：远和长）。

师：那近呢？

生：就是短。

师：不错，比远近，实际上就是比路的长短。

【说明：利用现场感极强的戏剧化表演，让学生领悟到目标的远近就是路（距离）的长短，打通了"远近"和"长短"的关系。】

◎ **新探学习活动 6：比高矮**

• **教师和学生比**

师：请小莱同学站起来。你们看，我和小莱谁高谁矮？

生：老师高，小莱矮。

师：是不是一眼就看出来了？

生：是。

●教师和教师比

师：（让后面听课的姜老师站起来）你们能一眼看出我和姜老师谁高吗？

（学生出现了三种不同的意见：张老师高，姜老师高，一样高。）

师：怎么比出到底谁高？

生：你们俩站在一起比。

（姜老师来到前面和我站了一起，但是，我早已站在了凳子上。）

师：（神气地面对姜老师）我的个子比你高。

生：不公平，不公平。

师：为什么不公平？

生：你不能站凳子上，下来。

师：我就不下来！（听课老师大笑。）

生：要比高矮必须得下去比。

师：我不下去，你就没办法了吗？

生：那让姜老师也上去。

（姜老师上了凳子后，学生得出结论：张老师高。）

师：如果我站在地上，怎么比？

生：姜老师也站在地上。（还没等我下地，学生已经喊出："站在地上，还是张老师高。"）

师：比高矮，我们必须怎样站？

生：站在同一个高度。

师：比高矮实际是比什么？

（部分学生沉思半天没有举手。这时候，我把刚才比高矮的姜老师扳倒在地上，我也躺在地上。）

师：躺在地上，我们比身子的什么？

生：长。

师：（故意不和姜老师对齐，而是把脚对在了姜老师膝盖的位置）我的身子比他长好多好多！

（众生都喊"不公平"，跑上来拽着我的双脚，要和姜老师的双脚对齐。最终比出：我身子长，姜老师身子短。）

师：躺着就叫长和短，那我们站起来就是比什么呢？

生：高和矮。

师：对的。一般平着就叫长和短，竖着就叫高和矮，那么你们想一想，高就是什么？

生：长。

师：那短呢？

生：就是矮。

师：很好。今天主要学习了比长短、远近、高矮。远就是——（生：长。）近就是——（生：短。）高就是——（生：长。）矮就是——（生：短。）

（此时下课铃响了。）

师：还有哪一项我们没比呢？

生：粗细。

师：粗细怎么比，回家自己先研究研究。

【说明：再利用现场感极强的戏剧化表演，让学生领悟、打通"高矮"和"长短"的关系，引发学生对物体其他方面（粗细）的比较方法进行研究，为将"其"纳入长度、面积、空间的比较等"小系统"中，做好了铺垫和准备。】

比和比例及常见的量

[案例19]揭开和音的面纱：按比例分配

本节课以"找和音"和"用盒子创作和音"两项新奇、有趣的活动，将认识和音与数学中的"按比例分配"完美地结合起来。它是全景式数学教育跨领域进行课程建设和教学的一个范式。

◎ **准备**

学生自备：课本、直尺、本子和笔。

现场准备：

① 每个学生的课桌上，各摆放着一个套着橡皮筋的铁盒和一台计算器。

② 黑板一侧（学生右前方）摆放着教师自制的"钢筋编钟"一套。6根钢筋的长度依次为20厘米、20厘米、30厘米、40厘米、50厘米、70厘米；质量依次为0.5千克、0.5千克、0.75千克、1千克、1.25千克、1.75千克（学生课前并不知道）。

③ 播放背景音乐——大、小提琴四重奏的《天鹅湖》。

◎ **暖场**

（在欢快的背景音乐中，六年级学生陆续进入现场。）

师：孩子们，上午好！

生：老师，您好！

师：同学们，能听出背景音乐中使用了哪些乐器吗？

生1：小提琴。

生2：还有大提琴。

师：（竖起大拇指）哈，耳朵挺灵的！对，演奏这首曲子的乐器就是大、小提琴。知道琴声是怎么产生的吗？

生3：琴和空气的振动。

师：（鼓掌）是！物体的振动产生了声音。（敲击自制的"钢筋编钟"，学生欣赏、倾听）世界上每时每刻都会发出各种声音，如果把两种声音配在一起，会出现什么情况呢？

生：有的不和谐，听起来比较刺耳；有的听起来很和谐，很舒服。

师：两种声音配在一起听起来悦耳、舒服的音程，称为"协和音程"，我们这里简称"和音"。（教师同时敲击两根钢筋，让学生听听哪两根钢筋发出的声音是和音。）

师：（根据学生回答，简要记录）这里面藏着神奇的秘密，等上完这节课，你自己就能揭开谜底。下面我们开始上课。

◎ 新探学习活动

• 明确研究项目和目标

师：每个同学桌上都有一个套上了橡皮筋的铁盒，我们今天就用它做两项有趣的实验：一是找到盒子上的"和音分割点"；二是自己用盒子创造并弹奏出美妙的和音。

• 探索和音分割点

① 支撑。

师：我们先来找"和音分割点"。你在橡皮筋上随意选择一点，用尺子支撑起来，这样就把橡皮筋分割成两部分。

（师生同步操作。）

② 弹、听。

师：弹拨几遍，请仔细倾听，用心感受，两边发出的声音搭配起来是不是和谐、舒服。

（师生同步操作，此时有的学生说"舒服"，有的学生说"不舒服"。）

③ 标注。

师：如果听起来不舒服，调整直尺的位置，直到听起来舒服为止。如果听起来舒服，这个点就是和音分割点，请用笔把它标出来。

④ 求比。

师：然后，再测量这个点左右两边橡皮筋的长度；最后，左右两边橡皮筋的长度比——也就是"和音比"，请把结果都保留整数。据数学史记载，古希腊数学家、哲学家毕达哥拉斯发现了分割琴弦产生和音的秘密——切割点两琴弦的长度之比。今天，我们也来挑战一下，相信我们也能发现这个神秘的和音之比！

（学生自己分割、弹拨、倾听、判断，并计算左右两边橡皮筋长度之比。）

⑤ 反馈。

学生探索到的"和音比"有：

1∶1（40人）；

14∶15（3人）；

1∶2（13人）；

2∶3（6人）；

4∶3（4人）；

其他比（若干人）。

教师上网搜索"琴弦定律"，并摘选出毕达哥斯拉学派的研究成果。（如右图所示）

学生通过对照，欣喜地发现自己竟发现了5种和音中的4种。

师：同学们的乐感都挺强的，很有音乐家的天赋和毕达哥拉斯般数

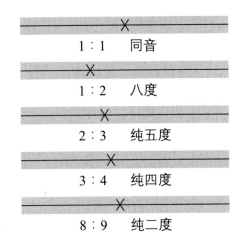

1∶1	同音
1∶2	八度
2∶3	纯五度
3∶4	纯四度
8∶9	纯二度

学家级别的研究水平。

教师让学生选 1∶1 的钢筋敲击，感受同音和音；选 1∶2 的钢筋敲击，感受八度和音；选 2∶3 的钢筋敲击，感受纯五度和音……

● **交换盒子，制造、弹奏"和音"**

教师事前为每桌同位的两个学生准备了长度不一样的盒子，学生交换盒子，必须重新测量和计算，才能找到这个盒子的八度和音分割点。

① 用盒子制造、弹奏和倾听八度和音。

学生亲自尝试，并记录自己制造和音过程中用到的数学算法以及过程。教师请一个学生到前面介绍其制造和音的过程。

生 1：我的橡皮筋全长 18 厘米，用 18÷3=6（厘米），左边橡皮筋是 6 厘米，右边是 6×2=12（厘米）。

师：还有不一样的想法吗？

生 2：不需要计算 6×2，因为只要计算出左边 6 厘米，就可以找到八度和音的分割点。（同学表示赞同。）

师：同学们还有问题吗？

生：没有。

师：我有，题目中没有 3 啊，它是从哪里来的？

生 3：八度和音的比是 1∶2，就是说左边的橡皮筋占 1 份，右边的橡皮筋占 2 份，这样就等于把整条橡皮筋一共平均分成了 3 份。

生 4：我觉得列式的时候，不能直接写 3，应该用 18÷（1+2）。

（全班同学皆表示认同。）

师：18÷（1+2）=6 是求什么的？

生 5：求其中的一份。

生 6：也就是左边的橡皮筋。

师：这种求份数的做法，我们五年级时就学了，六年级已经学习了分数应用题，那你能把它转化成分数应用题进行解答吗？

生 7：能。1+2=3（份），左边的用 $18 \times \frac{1}{3}$ =6（厘米），右边的用

$18 \times \dfrac{2}{3} = 12$（厘米）。

师：哪来的 $\dfrac{1}{3}$ 和 $\dfrac{2}{3}$？

生8：刚才已经说了，八度和音的比是 1∶2，就是说左边的橡皮筋占 1 份，右边的橡皮筋占 2 份，一共是 3 份，那么左边就是 3 份中的 1 份，右边占 2 份，当然就是 $\dfrac{1}{3}$ 和 $\dfrac{2}{3}$ 啦。

（教师根据学生的回答随手在 1∶2 的和音比线段上标出。）

生9：左边可以直接列成 $18 \times \dfrac{1}{1+2} = 18 \times \dfrac{1}{3} = 6$（厘米），右边就是

$18 \times \dfrac{2}{1+2} = 18 \times \dfrac{2}{3} = 12$（厘米）。

② 弹奏，并进一步感受八度和音。

学生先弹奏自己的盒子，让自己和同位倾听、感受八度和音是什么样的和音。

教师敲击 1∶2 的钢筋，全班再次感受和认识八度和音（如果现场准备好电子琴或者钢琴，让学生感受一下八度和音会更好）。

③ 制造纯四度和音或者纯五度和音。

活动说明：制作哪一种和音，学生自选，但都要写出制作过程中使用分数应用题解决的过程和算法。

活动反馈：

制造纯四度和音的学生代表板书了自己的算法。（如下页图所示）

$$19.5 \times \frac{3}{3+4}$$

$$= 19.5 \times \frac{3}{7}$$

$$\approx 8 \text{ (cm)}$$

$$19.5 \times \frac{4}{3+4}$$

$$= 19.5 \times \frac{4}{7}$$

$$\approx 11 \text{ (cm)}$$

生 10：她的计算结果至少有一个是错误的。

师：谁知道他怎么一眼就看出了结果是错误的？

生 11：都是取近似值，但是，最终结果相加一定等于橡皮筋的总长度 19.5 厘米，她少了 0.5 厘米。（全班同学认同。）

师：那么她的解决方法和过程对不对？为什么？（学生解说，略。）

制造纯五度和音代表反馈。（略）

【说明：教师巡视全班学生的书面解答状况，每位学生均能用解决分数应用题的路径解决按比例分配问题。学生代表对解决方案和过程解说得清楚明白，说明学生已经理解和掌握了把按比例分配问题转化成分数应用题来解答的方法。】

● 回顾和总结

① 给本节课起名字。

师：到现在，张老师还没有给本节课起个课题呢。根据我们研究的内容，你觉得这节课该取个什么名字？

生 1：音乐里的数学。

生 2：和音与数学的关系。

生 3：和音和比。

生 4：和音的秘密。

生 5：揭开和音的面纱。

师：（惊喜地）太浪漫了！揭开了面纱，里面是什么？

生：数学。

师：真了不起！揭开很多事件和现象的面纱，后面都是数学！比如，小学生的健康睡眠时间为什么是 9 个多小时？因为这样睡眠占三分之一多，活动约三分之二，非常接近数学的黄金分割数。

② 总结和音背后的数学。

师：揭开和音的面纱后看到数学，那么制作和音用到了什么数学知识？

生 1：比。

生 2：分数乘法应用题。

生 3：按比例分配。

师：我们这节课学习的实际就是"按比例分配"。"按比例分配"是什么意思？

生 4：平均分。

生 5：我认为不是平均分，而是按照一定的比分成两部分。

生 6：是按照各部分占的份数来分。

生 7：我觉得按比例分配有时候是平均分，有时候不是平均分。

师：谁理解他这句话的意思？

生 8：我明白。比如，制造同音和音，是 1：1，就是平均分；制造其他和音就不是平均分，而是按各自占的份数来分。

师：听明白没？

生 9：明白了，如果比的份数一样就是平均分，不一样就不是平均分。

生 10：按比例分配包括平均分和不平均分，但是，份数比不平均的，也要按照总份数先平均分，再算出各自是多少。（全班鼓掌。）

师：按比例分配的题如何转化成分数应用题来解答呢？

生：先找到或求出总份数对应的总数量，再求各部分占总份数的几分之几（即分率），然后用总数量乘各部分占的分率，就求出来了。

●跟进练习

① 消毒酒精是将纯酒精和蒸馏水按照 3∶4 配置的。如果要配置 420 毫升消毒酒精，需要纯酒精和蒸馏水各多少毫升？

② 一种什锦糖是由奶糖、水果糖和巧克力按照 1∶1∶1 的质量配置而成的。如果要配制 30 千克这样的什锦糖，需要这三种食材各多少千克？

③ 这两根能敲击出纯四度和音（3∶4）的钢筋（教师敲击，学生再次用心感受），短的是 0.75 千克，长的这个多少千克？

【说明：题目 1 巩固按比例分配，并推广应用到其他生活领域。题目 2 拓展到"连比"；同时，能让学生再次感悟到平均分是按比例分配中的一种份数相同的比的特例。题目 3 是按比例分配的逆向变式应用。】

●故事分享和课外自主制作

师：传说毕达哥拉斯路过一家铁匠铺，听到铁匠打铁的声音，有时清脆，有时沉闷，于是称了铁块的重量，从而发现和音的秘密的。同学们课下可以搜索"黄金分割"，欣赏一下这个好玩的智慧故事。

教师出示教过的学生用大纸箱做的琴盒，并弹奏各个和音给大家听，提出自由选择的制作建议。

师：如果同学们感兴趣的话，可以利用家里的切菜板、木箱、塑料水桶等材料制作同音、八度、纯五度及纯四度和音，并弹奏给你的老师、家长和小伙伴听听。我以前教过的一个学生竟然用家里的搓衣板弹出了四种和音。你愿不愿意尝试一下呢？（全班同学开心大笑，并表示回去一定试一试。）

教师呈现大小提琴四重奏图，并再次播放四重奏音乐。

师：（总结）生活中不仅仅是音乐，其实美的、科学的，也都是数学的！请同学们再次欣赏一下大、小提琴四重奏，感受其中的和音之美、数学之美。

学生在欢快的和音中，和着节奏，开心地舞动着离开了现场。

附：关于数学整合课程的一点补充说明

本节课是一节跨学科的整合课。需要说明的是"整合 ≠ 结合"。数学和其他学科的整合，既不是在数学课上学习数学的同时，也学其他学科内容；也不是在其他学科课上，另外学习一点儿数学。这种整合应该是你中有我、我中有你、不可分割的真正融合。比如，本节课学生表面是在制造和音，但要成功制造和音，必须通过（即学会）那条唯一的独木桥——按比例分配，舍此别无他途。它不是"音乐 + 数学"，而是和音背后就是数学，它们是浑然一体、不可分割的。正因如此，该音乐项目课程，不但没有淡化数学学习的本质，反而让按比例分配的本质和学习意义更加凸显，让学生对按比例分配意义的理解更为深刻，将数学本质的学习和领悟无形地蕴含在真实的项目活动中，鲜活有趣，自然而然。

［案例 20］人是万物的尺度：认识长度单位

◎ 第一模块组：因缘溯源——人即尺度

● 新探学习活动 1：源于需要，度之以体

长度的测量，最初源于人们生活的迫切需要（认识万物，描述世界，表达，交流，使用，等等）。人们最初度量距离的参照物都是身体，因为这样的度量工具是"人人都有""随身携带""不会丢失""短时间内长度不会改变"的，使用起来方便、快捷。即使在测量工具发达的今天，人们在日常交流中仍然广泛使用这样的度量单位。所以，我首先要做的便是创建一个课程环境，把学生"无意"地带入一个需要测量的环境，撤去学生可以依赖的凭借（现代测量工具），"逼迫"其回归人（自己）本身——自觉地用自己的身体去测量外物，自觉地与外在的世界连接和对话。课程教学过程如下——

我是包班教师，中午带孩子们吃饭后，陪他们在沙坑和单杠、双杠边玩耍。

师：孩子们，如果有人问你沙道有多宽，单杠有多高，你怎么办？

生：回去拿尺子量啊！

师：有尺子谁不会量。不用尺子，你有办法告诉人家有多长吗？

生：用步，量量几步。

我趁热打铁地把这种"无尺"测量的挑战推广到操场上的所有物体（学生可以自由选择），于是他们开始了自己创意无限的测量：用双臂测量网球场栅栏，用拃测量秋千板，用指测量树叶，用身高测量单杠，用脚长测量沙坑，用掌宽测量花朵，用步测量跑道……

● 新探学习活动 2：借助外物，解放自己

在特定的测量环境中，面对特定的物体，即使没有教师引导，学生完全可以自己创生很多方法，摆脱对身体的依赖，任意选取其他物体（如纸、树枝、笔等）为标准，自定单位，进行测量。这是人类测量历史上最

为关键的突破——借助外物，解放自己，超越自己身体的局限。原本用身高测量单杠的学生，在测量双杠的时候，不再使用身体测量，而是找来一根树枝作为单位来测量。在集体分享的时候，我问他："你为什么不用身体测量了呢？"他说："我身高不够啊！"我说："那你为什么不用拃去测量？"他说："太麻烦，再说我也够不到啊！"也就是说，当他使用自己的身体无法完成测量目标的时候，他便借助了树枝这个外物来解决。

另两位学生也讲述了他们借外物作为标准进行测量的过程和原因。一个说："我先用小腿测量了，草坪上的灯的高度是在膝盖下面，但是我没法做记号，怕记不住，说不清，我就用铅笔量量看，它正好是3根铅笔那么高。"另一个学生是因为球网的高度在他的肚脐之上、胸部之下，不好记住到底在哪里，而选择了用纸测量。这两个学生为了突破用身体测量不好标记、不便于记忆和不便于表达测量结果的障碍，求简的本能促使他们分别尝试借助外物——铅笔和纸，顺利地解决了问题。

在上述活动中，无论是学生以身体测量，还是自由地选取其他自然之物，自定单位进行测量，都是真正属于他们自己的测量，是他们自由尝试、自主选择、独自思考和探索的结果。全班几十个学生测量方式异彩纷呈，极具个性。

● **新探学习活动 3：以身体为尺的历史研究**

在家长的协助和指导下，学生自主搜索古代各国人是怎样测量长度的。

给学生的资料处理建议：可以先从网上下载下来，直接复制成文档，选择、标注出古代各国人用身体测量的内容，并和自己刚刚经历的身体测量经验做对比。

通过调查，学生惊奇地发现，原来自己刚刚经历过的，正是古人确定测量单位产生时期的状态，无意间重现了古人测量万物的最初过程。他们依次分享了古代埃及、古代印度、古代巴比伦、古代中国、古代英国等国的"身体长度单位"。例如，古代中国，成人双臂左右平伸时的距离为庹。迈出一只脚的距离为跬，迈出两只脚距离为步……

古代英国原始的长度单位是"指"和"掌"，10 世纪时以英王埃德加拇指关节之间的长度为一英寸，以亨利一世的鼻尖到指尖的长度为一码，一脚长为一英尺（英语单词 foot，既表示身体上的"脚"，也是英国的一个长度单位"尺"，即英尺）；虎口的英语为"span"（手掌全部打开后拇指指尖与中指指尖之间的最大距离，相当于我国的一拃）……

古代埃及和以色列的长度单位有"肘""腕尺"（自肘至中指端）和"掌宽"，等等。

（其他国家和地区基于身体的测量情况略。）

通过这些课程内容，学生对东西方的文明状况多多少少能有一些了解，虽然地域不同、风俗不同、文化不同，但人们却不约而同地都使用身体的部位作为丈量世界的基本单位（即人是万物的尺度）；再借助外物克服身体弊端，解放自己。

• **新探学习活动 4：标准从因人而异到客观统一**

因为人的身体各异，以人为尺，会一人一个标准；而任意选取外物作为测量工具，单位也会不统一，别人不能确定其长度到底是多少，不能进行广泛的交流和贸易往来。为了让学生体验到这一点，我借助学生自己测量的结果，营造了一个让学生体验到统一标准必要性的戏剧化场景。

我让全班个子最高、步子最长的小墨同学给"姚明"（由我扮演）打电话，介绍她测量的学校沙道的宽度。小墨说："姚明叔叔，我们学校沙道的宽度是 5 步。"然后再由全班个子最矮、步子最短的小缘同学给"姚明"打电话，介绍她测量学校沙道的宽度。小缘说："姚明叔叔，我们学校沙道的宽度是 8 步。""姚明"糊涂了："学校的沙道到底是几步啊？算了，就按 5 步算吧。"于是我跨了很长的五步后说："哦，沙道原来这么宽啊！"此时，学生纷纷表示反对："'姚明'的步子太大了，沙道没有这么宽！"

由此，学生体会到了用个人标准测量带来的交流困难，体会到了统一单位的必要性。

◎ 第二模块组：国际通用——"非人"尺度

这个标准要客观、不变、统一，最好全世界都一样。人类是怎样统一长度标准的呢？

●新探学习活动 1："书学"之旅

借助教参以及其他参考资料，自学课本"测量"这个单元的内容。

●新探学习活动 2："网学"之旅

① 查询现代国际统一长度单位米、分米、厘米是怎么统一、规定的（即由来）。

② 提供相关的名师教学微视频，进行翻转学习。

●新探学习活动 3：躬行之旅

让学生分别做一个米尺、分米尺和厘米尺，并用它们进行测量。亲身经历国际通用长度单位的刻画、制作与应用过程，加深学生对相应长度单位的印象，建立起相应的长度观念。

●新探学习活动 4：分享之旅

在学生自学课本、看视频、进行网络研究和动手制作、测量的基础上，我们进行第二次分享。

① 分享和交流"米"的产生、发展、变化过程，即长度单位统一的纵向发展史。

学生通过自学和网络研究很容易了解到"米"的起源和发展变化的过程。1790 年 5 月由法国科学家组成的特别委员会，把通过巴黎的地球子午线的长度平均分成四千万份，规定其中一份的长度就是 1 米。1799 年根据这个长度确定了"档案米"，1872 年根据"档案米"制作了米原器……。自 2019 年 5 月 20 日起，米的定义更新为：当真空中光速 c 以 m/s 为单位表达时，选取固定数值 299792458 来定义米。

在学生通过调查确定米、自己制作"米尺"的基础上，让学生亲身测量，体会到短于米，就不能以米为单位测量，将"米"十分而得到分米；短于分米，就不能以分米为单位测量，再十分分米而得厘米。他们经历了破"米"→生"分米"→破"分米"→生"厘米"的过程，体会了创造更小长度单位的必要性。于是，我们的学习和现行教材相比，结构自然就变了。现行的教材一般先认识米和厘米，再认识分米和毫米，而全景式数学的课程安排是米→分米→厘米。这和长度单位产生和统一的历史过程一致，和学生的调查研究一致，更有利于学生理解为什么要不断创造新的、更小的单位，也更有利于学生后续学习，把这些思考和方法不仅类推到研究和学习更小和更大的长度单位上，同时，也可以推及其他量与计量的学习。学生开始自觉地向更大、更小的单位去追溯和查找，于是进行了下面第二个方面的纵向分享。

②分享了以米为起点的现代长度单位系统。(如下图所示)

尧米（Ym）、泽米（Zm）、艾米（Em）、秒差距（1pc=3.2616 光年）、
光年（Ly）、天文单位（A.U.）、拍米（Pm）、太米（Tm）、
京米（Gm）、兆米（Mm）、千米（km）

↑ 更大

米（m）、分米（dm）、厘米（cm）

↓ 更小

毫米（mm）、丝米（dmm）、忽米（cmm）、微米（μm）、纳米（nm）、
埃米（Å）、皮米（pm）、飞米（fm）、阿米（am）……

学生通过调查和自己动手制作这个单位系统，纵向了解到长度单位创生的必要性和大小进制关系。

● 新探学习活动 5：杀个回马枪
再次测量。比如，先用尺测量出自己的一拃、一指、一步、一庹是多少厘米（毫米），再用步、拃……测量，最后用每步（拃……）长度×步数（拃数……）计算出多少厘米（毫米……）。再问学生：如何再用步和姚明交流沙坑宽度？学生给出方案：告诉姚明叔叔，每步多长，走了

几步!

又杀了一个回马枪，让学生体会身体、尺子、计算相结合带来的便利，"看"客观的长度，人依然是规定测量标准的最终决定者，体会到人最终还是万物的尺度——人"非"尺度，非"人不是尺度"，而是规定"以非人体的客观标准"为尺度。

◎ 第三模块组：不止数学——跨域之旅

语文课上分享和学习了与长度单位相关的字、词、成语、典故、古诗文等相关知识和文化。如《大戴礼记·主言》曰"布指知寸，布手知尺，舒肘知寻，十寻而索，百步而堵，三百步而里，千步而井"；如"丈夫""肤浅""咫尺之间""寻常""丝毫""毫厘之差""微乎其微"中长度单位的含义和比喻义；"退避三舍"的典故，古诗文"一片孤城万仞山""舟首尾长约八分有奇，高可二黍许"的含义等。师生一起讨论：为什么法国制定的长度单位能世界通用，而中国和英国制定的长度单位没有世界通用？让学生认识到，只有客观、公平、准确的标准才能世界通行。

最后，再和科学整合——观看纪录片《大宇宙：探索人类未知的宇宙之谜》，"科普"星际距离（光年、天文单位等）的相关知识……

全景式数学教育一直强调"数学不止于数学"（数学教学的内容、目标、形式都要突破和超越数学本身）。通过这种历史化的全景式的新探方式，学生得到了充分的数学文化滋养，对长度单位有了更为完整的认识，理解也更为深刻，掌握也更为牢固，其文化知识背景积累得也更为丰富。更重要的是，学生从中慢慢体悟到数学思考和数学研究的一般方法。学生一旦回溯历史源头，了解了数学及数学符号产生、构造、发展和变迁的过程，就会对它们产生更浓厚的情感，并从中悟到构造名词、概念、法则等的逻辑和方法，从而学会学习，学会创造。

下篇
综合学习

　　全景式数学教育里的"综合学习"类似于课标中的"综合与实践"，但又不完全相同。这里的"综合"，指的是综合应用数学同领域间的数学知识，综合应用不同领域间的数学知识，综合应用数学与其他学科知识，综合数学问题与生活实际问题以及社会、自然等现实问题。全景式数学教育的综合学习中的"综合"，至少应包括又不止于以上四个方面的综合。

　　综合学习中的"习"，主要是指实习、实践、练习和应用，即单用以上一种或者综合应用几种解决自然、社会、生活中的现实真题，进行练习、贯通、巩固、应用，加深学生对数学本质的理解、技能的掌握和独立解决实际问题能力的提高，以及综合素养的提升。

　　"综合学习"，重在"综"，重在"习"，主张在"习"中"综"，以"综"而"习"，及时"综"，及时"习"，且长线地"综"与"习"。

综合学习阶段是指学生不再过多关注细节而积极使用原理的阶段。这时，学生进入积极主动应用知识的状态。

全景式数学教育的综合学习，既有对每个知识点精确学习后的"学后即用"，也有对一个小的知识组块（专项知识）的专项应用，还有对一个单元或者一个更大的知识系统打通建构后的综合应用；既有数学各领域知识的融合应用，也有跨学科跨领域的融合应用。这些应用能解决数学本身的问题，但更强调、更珍重的是解决自然、社会和生活中的实际问题，是学生自然、真实的实践。因此，全景式数学教育把基于这种理念下设计和进行的综合学习统称为"时习活动"。

本篇我们重点介绍全景式数学教育的专项时习和综合时习学习活动。需要高度关注的是，不论是哪一种时习活动，我们均强调在适宜的时间、适宜的真实情境中解决与学生生命充分连接的必要的真实问题，强调全面打通与融合，强调亲身实践与实用。

◇ 时习学习活动

"时习学习活动"的"时习"二字源于"学而时习之,不亦乐乎"。对这句话的理解,我更倾向于杨伯峻在《论语译注》中的解读:"学了,然后按一定的时间去实习它,不也高兴吗?"

全景式数学教育的"时习学习活动"中的"习",指的是实习、实践、练习、应用;"时"是即时、随时、时时、长时,更重要的是适时。全景式数学教育的"时习学习活动",大致相当于通常教学中的练习课和综合实践活动课。和通常的练习课相比,全景式数学教育更强调学生在解决自己学习生活中必须解决的真实问题中复习、巩固、应用和提升,即把所"学"适时进行活用,在用中活学,在用中学活。

全景式数学教育的时习学习活动,目前分为三种类型。

第一种,即时时习,即紧跟新探课设计的,针对一个新知识点的时习课。

第二种,专项时习,即学习完一个完整的学习主题,集中进行相应或拓展性的实践应用活动,部分类似于课标中的"综合与实践"。我们把它称为"小综合"。

第三种,综合时习,即长时段的综合实践活动,类似于课标中的"综合与实践",但又不止于"综合与实践"。为了将学生的实践活动安排得更为灵活,更便于学生随时实习和应用,可以把融合了几个不同领域的知识点、几种不同领域的现象或问题纳入涉及多个数学主题抑或多个学科的实践活动。我们把它称为"大综合"。

不论是哪一种类型的时习学习活动,我们均强调在适宜的时间、适宜的真实情境中解决与学生生命充分连接的实际问题。时习学习活动强调实践,强调应用,强调真实,强调综合,强调学生的自主参与、全程参与,强调全身心学习,强调与生活、与其他学科以及数学内部知识间的联接、打通与综合。

专 项 时 习

[案例 21] 沙道上的数学

初春，我和学生在学校的百米沙道上，一起完成了一个关于圆柱和圆锥应用的专项时习。其设计及实施过程如下。

时习目标

① 期望以沙道为平台，让学生通过亲手构造、建设和转化形与体，建立真实、深刻的空间表象，并在解决沙道问题的具体实践中，体验到"物"形体的聚合、分散与转化，感受数、计算与数量关系对表达空间形式及空间关系的重要作用，提高学生利用圆柱、圆锥等知识解决问题的能力，让学生在实践中评估、反思自己本单元的学习情况，调整、矫正和丰富研究图形问题的方法，丰富自己的数学活动经验。

② 期望学生通过在沙道上对沙子的"把玩"，触摸大地，亲近自然，发现自然运作中的数学规律，感受自然和数学的神奇，了解古埃及人建造金字塔的依据，把"所学"用得充分，悟得彻底；同时，又玩得开心，给自己的童年增添一段难忘的数学经历。

时习准备

周末，个人或以小学习共同体为单位，协商准备好下列学具。

① 30 厘米的直尺一把，量角器一个，大直角三角板一个。

② 圆柱形水桶一个，水桶要提前测量好底面直径和高。

③ 计算器一个，本子一个，水彩笔一支。

④ 在硬纸板上剪下两个圆片，分别标出半径，并计算出它的面积（每人必备）。

⑤ 找两三个直径不同的圆形铁板（塑料板、木板）带来。

⑥ 带《上初中前必读的数学漫画（图形3）》（每人必备）。

⑦ 调查沙子相关数据资料。

时习指南

本指南学生人手一份。

活动地点：学校沙道。

活动时间：90分钟＋课余自主安排。

定制规则：本次活动一共给学生提供A、B、C、D、E五个可供选择的时习项目，计划完成的项目由学生自选，对个数、顺序、活动方式（独立研究，或小学习共同体合作，或大学习共同体合作）及合作伙伴均不做统一要求，完全由学生自己定制。鼓励学生挑战自我，看看在90分钟内究竟能挑战几个。90分钟内没来得及研究的活动，可利用课余时间完成，同样可以获得每题后面相应的"数学银行"积分。

奖励规则：个人或学习共同体每完成一个活动，个人便获得"数学博士"奖章一枚，所在学习共同体会获得活动后面相应的积分。完成3个以上项目的个人或学习共同体，每多完成一题，所在共同体多获得10分的额外奖励积分。

时习项目

◎ **A. 金字塔和沙堆的共同秘密**（积30分）

活动器具：自己制作好的圆形纸板、直尺、三角板、量角器。

活动流程：

① 把圆形纸板支撑起来，放平，一把把抓起沙子，自然地撒向圆形纸板圆心，到自然形成的圆锥形沙堆不再增高为止。

② 想办法测量自己建的沙堆的高。

③ 想办法测量不同沙堆的母线和底面的夹角，你会发现……（相信你的书面表达能图文并茂！）

④ 金字塔建造灵感来自自然形成的沙堆，自然形成的沙堆都指向了

一个神奇的数据，它是谁？请阅读《上初中前必读的数学漫画（图形3）》第 47、48 页。

⑤ 和同伴谈谈或者写下你的感受、感想和感慨。

◎ B.我的"压路机"（积 15 分）

用圆柱桶代表压路机，驾驶你的压路机，向前滚一周，观察压出路面的形状，标注相关数据，计算滚动一周压路的面积，建议把你的研究画一画。

◎ C."我桶铺我沙"（积 15 分）

在你的桶里如果铺上 5 厘米厚的沙子，你能算出需要多少立方厘米的沙子吗？如果将这些沙子倒在长 20 厘米、宽 10 厘米的长方体容器里，沙子的高大约是多少？期望看到你的思考路线图。

◎ D.鞋子灌沙（积 15 分）

你能计算出你现在穿的两只鞋子一共能灌进多少体积的沙子吗？如果每立方厘米沙子约重 1.6 克，你的两只鞋子一共能装多少克沙子？期望看到你的思维路线图。

◎ E.沙堆靠墙（每小题积 10 分）

① 用大纸箱做墙，向外墙的中部撒沙子，形成一个小型沙堆，观察、思考这个沙堆和圆锥有什么样的关系，体积如何计算。

② 向外面的一个墙角撒沙子，形成一个小型沙堆，观察、思考这个沙堆和圆锥有什么样的关系，体积如何计算。

③ 向里面的一个墙角撒沙子，形成一个小型沙堆，观察、思考这个沙堆和圆锥有什么样的关系，体积如何计算。

④ 文本阅读——六年级下册数学课本。

你理解每种堆积方式的体积公式吗？讲给伙伴听听。

如果不用 C（底面周长），而是使用 r（半径）和 h（高），你能写出它们的计算公式吗？你能把你的公式和书上的公式相互推导吗？

学生浏览时习指南，选择活动内容，协商研究计划，决定活动顺序，进行研究分工等。

时习实录

◎ A. 金字塔和沙堆的共同秘密

● 现场直击

① 学生将从家里带来的直径大小不一的圆形铁片、木板等做底，不断往上面倒沙子，形成圆锥形沙堆，直到沙子滑落到底板外，圆锥的高不再增加为止，即圆锥的高达到峰值时再停止倒沙子。这样，沙坑里就诞生了几十个大大小小的圆锥体（底越大，高度就越高）。

② 学生想办法测量圆锥沙堆的高。

③ 学生想办法测量圆锥沙堆的母线与底面夹角的度数。

学生通过测量发现：大大小小的不同的圆锥，母线与底面夹角的度数，竟然都是 51 度多，备感不可思议。

数学阅读——《上初中前必读的数学漫画（图形 3）》第 47、48 页。

学生通过阅读了解到，金字塔的斜度正好是 51 度多，天然长成的树杈大都是 51 度多，自然风化的圆锥形土堆斜度一般也是 51 度多……

原来 51 度多是大自然中自然形成的圆锥形沙堆最稳定的结构！

● 学生时习感慨

生 1：生活中处处有数学，一把沙就能算出数学。

生 2：无论怎么堆，都是 51 度多，太神奇了！

生 3：古代埃及人就知道圆锥 51 度多最稳定，太了不起了！

生 4 提笔写下 6 个大字：自然真是奇妙！

…………

更让人拍案称奇的是，一个叫小翰的学生竟然写道："数学是一种天赐的语言。"而伟人伽利略的名言是，数学是上帝的语言。两句话几乎如出一辙，让人备感惊叹。是什么让一个 11 岁的少年写出了伟人名言般的话语？我想，就是我们重建圆锥的沙道课程的力量。

◎ B. 我的"压路机"

• 现场直击

每 4 人一组，每组用一个圆柱桶充当压路机，在沙子上滚动一周。（如下图所示）学生立即发现，滚动一周，压出的是一个长方形，宽等于压路机的宽度，长度等于压路机一个圆形底面（截面）的周长。

• 成果剪影（如下图所示）

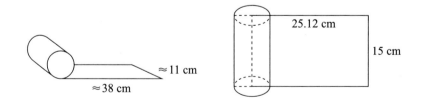

◎ C. "我桶铺我沙"
活动剪影和研究成果略。

◎ D.鞋子灌沙

● 现场直击

几个小组都没有带不规则的容器，在学校找了一圈也没找到。忽然，一个孩子看见我脚上的皮鞋，两眼放光，说道："老师，你舍得脱鞋给我们用用吗？"

"有什么不舍得？人家哥白尼为了真理连命都不要了，我还在乎一双鞋子吗？"我马上脱下鞋给了孩子们。没有抢到皮鞋的孩子，干脆脱掉了自己的鞋子，灌沙测量。

● 成果剪影

每个小组都图文并茂地呈现了自己的研究成果。

小组 1：测量出圆柱桶的底面直径是 25.12 cm—鞋子里灌满沙子—倒进桶里—高度 0.8 cm—每只鞋 $12.56^2 \times 3.14 \times 0.8 \times 1.6 \approx 634$（g）——两只鞋子，再乘 2：$634 \times 2 = 1268$（g）。（如下图所示）

小组 2 等：把鞋子里的沙子倒进盒子里……（如下图所示）

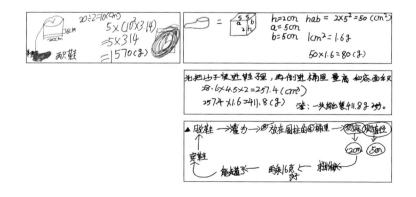

◎ E. 沙堆靠墙

学生分三种情况堆砌沙堆。

① 靠墙中间，发现堆出来的是二分之一圆锥。（如图所示）

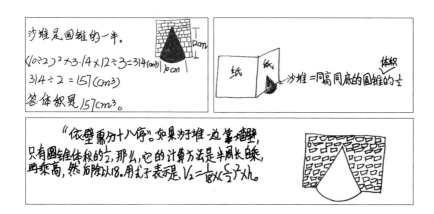

② 靠里面墙角，发现堆出来的是四分之一圆锥。

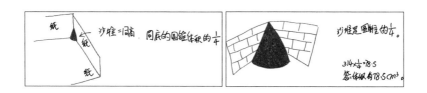

③ 靠外面墙角，发现堆出来的是四分之三圆锥。

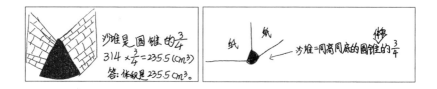

• 时习心得的分享与交流

（略）

课后，我把孩子们上课的视频放在教室里的每个电脑上共享，以便每位孩子拷贝一份，观赏、珍藏。这次数学"时习"，让孩子们的数学学习又多了一次好玩的经历：每个孩子都是那么自由，那么投入，那么快乐。我幸福地陪伴他们，一任孩子们的天性在沙道上自然流淌，孩子们的心灵（智慧）之花在沙道上尽情绽放。

综合时习

[案例 22] 不一样的测量

全景式数学教育的综合时习活动采用了短课、常规课、长时段课、校中课和校外课相结合的方式进行。

这个案例的综合时习活动也是如此,它由六个连续进阶的研究时段构成。联接、打通、综合了"图形与几何""数与代数"两个领域的图形特征、面积、量与计量、计算、比例、式与方程等内容;联系、综合了数学与生活;联接、打通、综合了数学、语文、物理等学科,打破了学生在测算面积、长度等方面的思维定式,从一个全新的路径解决相应问题,拓宽了学生的数学视野,提高了学生综合应用数学知识解决问题的能力和创新意识。

第一个研究时段(校内短课 15—20 分钟)

◎"软时习"① ——故事和解决故事中的问题

● 读故事
① 了解故事——文本阅读或者聆听配乐朗诵。

---

① 软时习,指的是阅读并学会网上或者书上介绍的解决实际问题的方法和策略,习得间接的实践经验,能解决网上、书上提供的练习、时习题目,能利用这些经验解决实际问题的时习活动。

很久很久以前，在很远很远的阿拉伯，有一个酋长。他有两个儿子，想选其中一个来继承他的王位和遗产。于是，他决定先考考他们。一天，酋长让两个儿子骑着各自的骆驼，到很遥远很遥远的太阳城去，并规定：谁的骆驼后到，谁就是继承人。开始，兄弟俩都千方百计地让自己的骆驼慢下来，磨蹭了几个月，只走了一点点。哥俩暗暗叫苦："这样耗下去，什么时候是个头啊！老死在路上也到不了，还继承什么王位和遗产！怎么办呢？"

②尝试用合适的方法提取故事核心问题，并独立思考解决方案。

③分享解决方案。

生：他们都骑对方的骆驼，心里想："我骑他的骆驼跑得越快，就能让他的骆驼先到，那样我的骆驼就会后到，我就赢了。"

•解决方案的本质分析

①更深刻地看问题。

师：那我问你，表面上是换了骆驼，实际上是换了什么？（全场哑然。）

师：你知道的东西，其背后一定还有你不知道的、值得深思的东西。

②方案的形式化和符号化（即数学化）。

师：用简捷的图形、字母、数字符号等形式中的一种或多种表示人物及数量，用箭头、位置等表示关系，表达故事中的问题和自己的解决思路。（学生开始独立探索或合作解决。）

③学生反馈。

生：用 A 表示哥哥，用 a 表示他的骆驼；用 B 表示弟弟，他的骆驼用 b 表示。开始，哥哥 A 骑自己的骆驼 a，弟弟 B 骑自己的骆驼 b，他们的关系是这样的（如下图所示）：

后来，A骑b骆驼，B骑a骆驼。他们的关系是这样的（如下图所示）：

所以，实际上改变的是人与骆驼的关系。

师：（小结）关系变了，解决问题的方法也就变了，比慢变成了比快，难题迎刃而解！关系变了，实际上也就是建立起了新的关系。建立了新的关系，问题解决也就有了新的方法。

● 生活中还有这样的例子吗
学生调查和分享，略。

第二个研究时段（校内常规课，40分钟）

◎"硬时习"① 活动 A：现场实操解决钢板问题

● 发现问题
教师给每个小组都发这样三块钢板（如下图所示），并附有说明："它们是从同一块钢板上切割下来的。"

① ② ③

---

① 硬时习，指的是直接进入现实生活中真实、原生态的问题里，以独立或者合作的方式尝试解决真实的生活、社会或自然问题，进行真实的实践和练习，并习得解决问题的经验和能力的时习活动。

（1）求①号的面积。

（学生操作情况略。）

师：你是怎么做的？

生：先测量它的边长，再用边长乘边长，面积是 100 cm²。

师：同学们完成了两项工作。一是测量，我们简称"测"（板书：测）；二是计算，简称"算"（板书：算）：合起来就叫"测算"。

（2）求②号的面积。

师：（PPT 出示说明：②号和①号一样宽）请测算②号的面积。

（学生操作情况略。）

生1：我先测量了它的长和宽，分别是 10 cm、30 cm；然后用长乘宽等于 300 cm²。（教师在黑板一侧板书。）

生2：上面不是说了吗？②号和①号一样宽。只要量出②号的长就可以了。

师：（竖起拇指）充分利用已知条件，最经济地解决问题！

生3：我发现长方形的长是 30 cm，正好是正方形边长的 3 倍，直接用正方形的面积乘 3 等于 300 cm²。

师：我们求的是面积，这个 3 倍是长的啊！

生3：长是 3 倍，面积也是 3 倍，因为它们的宽一样。

生1：（突然对生3发难）如果没有这个正方形，你还能这样做吗？（全班哑然。）

师：（俯身对生3）你怎么反驳？

生3：（找到了靠山似的）关键是它现在明明有，我为什么不用呢？（众赞叹。）

师：（面向生1）明明有，为什么不用呢？（众笑。）

生1：我的方法什么时候都能用，她的只能在有正方形时才能用！（其他同学也赞同。）

师：（竖起大拇指）你们都了不起！想得很深，有这个条件可以快捷地解决问题，我就用；没有，那我就用常规的办法或者想其他方法。了不起！争了半天了，那你们认为这两种解法最大的不同是什么？

（学生思索了好一会儿。）

生4：第一种方法量两次，第二种方法只量一次。

生5：第一种是用长方形面积公式计算，第二种是用长方形和正方形的关系求出来的。

师：对的。第一种方法只看它自己内部的数据，只用它本身的数据来计算；第二种——

生：第二种方法是看外部，利用它和正方形的关系来计算。

师：是。我们把长方形和它外部的正方形相连接，先发现了长的关系，又联想到了面积的关系，找到了这个新关系，也就找到了一种新的解法。了不起！（板书如下图所示）

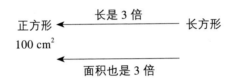

师：还有什么问题吗？

生：没了。

师：还有什么想法吗？

生：没了。

师：（神秘又幸灾乐祸）记住你们非常自信的这句话——"没了"。（为解决③号面积题埋下了伏笔）我们先停一停，回头看看，你的"脑袋"和上课前相比，有没有改变。

生6：我觉得现在更明白了。

生7：我知道要看到背后的关系。

生8：我知道了不光要看内部，还要和外部去连接。

…………

（3）求③号的面积。

师：（竖起拇指）你们通过深入研究，都已经长智慧了。那么，③号的面积呢？先独立思考，可以把你的想法在纸上简单地写一写。

（学生独立研究了一会儿，还是找不到突破口，就自发地和小组同学讨论了起来。）

师：我知道这个问题很难，计算出它的面积真的不容易，你说说自己的猜想就可以。

生1：我用刚才的长方形和它比了比，感觉它的面积是长方形的2倍，所以我用300乘2等于600。

师：目测和估算是个办法。你对自己的方法还有不太满意的地方吗？或者哪些地方还不能让别人甚至是自己信服？

生1：我不敢确定是2倍。（全班同学认同。）

生2：它们是从同一块钢板上截下来的，所以，我就用原来那块钢板的面积减去①号和②号的面积，就能得到它的面积。

师：（面向全体学生）你怎么看？

生3：你知道原来那块钢板多大吗？如果它还有剩余呢？

生2：如果没有剩余就能这样算。

生4：这三块根本就拼不成一块完整的钢板！

（全班同学表示认同。）

生5：我把这个铁板描在纸上，然后把这些（不规则的角角落落）都剪成小块，拼在一起来研究！

师：（又面向全体学生）你怎么看？

生6：太麻烦了，再说，也不准。

生7：我把它放在都是平方厘米的网格上，描下来，不是整格的算半格，数一数就出来了。（同学和老师发出了赞叹声。）

师：（面向全体学生）你怎么看？

生8：是个好方法，但还是麻烦，也不太准。

生9：如果有个炼钢炉，我可以把它熔化了，再重新铸造成长方形或者正方形，就能计算了。（同学和听课的老师都不由地发出笑声。）

生10：我反驳！你重新做的长方形，不一定一样厚啊！

生9：那我就做一样厚的啊！（听课老师鼓掌。）

生11：你说的这个不现实，现在办不了啊！

师：（插话）是的呢！炼钢污染，工厂都搬迁了！（众大笑。）

生12：我想到了一个好办法，用橡皮泥。我用橡皮泥铺满3号，铺得平平的，然后把它收起来，重新碾成一个长方形，只要它们厚度一样，面积也就一样了。（全场爆发出了热烈的掌声！）

生13：我感觉也不行。橡皮泥有的地方压不实，密度不一样，也是麻烦，也不准。

师：（竖起大拇指）竟然知道密度！还有不同的想法吗？（全班无人回应了。）

师：你们都很了不起！活学善用，无论是用网格、橡皮泥，还是炼钢（众笑），你们都试图和外部事物进行连接，尝试建立新的关系，来解决问题。但是，我们试图和长方形、正方形连接时却遇到了困难，发现根本连不上！（如下图所示）

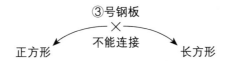

师：其实，现在你们就能解决这个问题。之所以想不到，完全是因为你们计算②号面积时，思考不彻底造成的。你们算出了面积，解决了问题，便停止了思考。还记得吗？当时我一再追问，你们一直理直气壮地说没问题了，没想法了。现在，我们回过头再看，你们从长方形的边长是正方形边长的3倍，联想到了长方形的面积也是正方形的3倍（板书），解决了面积问题。但是，问题解决了，思考却不能停止，我们仍要继续追问和联想：我还能联想到什么？（板书）

生14：体积也是3倍？

师：他是什么意思？

生15：铁板①和②其实是正方体和长方体，它们同样厚，就是高度一样，长方体的底面积是正方体的3倍，体积也就是3倍。

师：把其中两块铁板换成同样厚的木板可以吗？

生16：不行，必须还是同样的材质。（听课老师掌声雷动。）

师：了不起！建立新关系是有前提条件的，一要同质，二要同厚！还能联想到什么？（全班沉默半晌，无人回应。）

师：我们比了它们的长度，比了面积，比了体积，还有可以比较的量吗？

生17：（恍然大悟）重量！重量！……重量也是3倍。

师：你们说的重量，在数学上应该叫质量！（板书：质量也是3倍。）

（突然，几个学生兴奋地跳了起来，手舞足蹈地喊道："老师！老师！我知道③号面积怎么求了！"）

师：（表情严肃而又夸张地立刻制止）坐下去，不许说！其他同学猜！为什么看到"质量"，他们就疯了似的说："我知道③号面积怎么求了！"

［很多学生不由自主地喊道：称（chēng）！］

师：称？

生18：就是先称一下③号的质量，算一下是正方形的几倍，就可以知道它的面积也是正方形的几倍。

生19：我来补充，然后用正方形的面积乘质量的倍数就能求出③号的面积。

师：我就不明白了，体积也是3倍啊！你们为什么不从体积下手，却从质量下手？

生20：因为③号的体积也不好求，而质量用秤一称就出来了！

师：我这里有7个秤呢，组长来拿吧。

（学生兴奋地称、商量、计算，略。）

师：怎么测算的？

小组1：我们先称了②号长方形，它是231克；③号是366克。用366÷231≈1.584，再用300×1.584=475.2（cm²）。

小组2：我们先称了①号正方形铁板，是77克；又称了②号长方形铁板，是231克。我们发现：长方形铁板的质量的确是正方形铁板质量的3倍。最后，我们又称了③号，也是366克，366÷77≈4.753，100×4.753=475.3（cm²）。

师：他们小组在称③号前，做了一件堪称伟大的事情。你知道是什么吗?

生:他们先用长方形铁板和正方形铁板证明质量倍数是不是和面积倍数一样。

师:是的。他们先用实际操作证实刚才的推想,然后应用这个被证明是正确的关系去解决问题,真了不起!

小组3:我们也证明了!但是,我们发现:质量的倍数和面积的倍数并不一样!我们测的正方形质量是77克,长方形质量是230克,3倍应该是231,不是3倍!

师:(竖起大拇指称赞)有疑就问,学习就应该这样!(转向全体同学)你怎么看?

生21:他们一定是没称好!放偏了,质量就不一样的。(在说的同时,径自奔到第3组,动手称了起来。可是,无论怎么称都是77克和230克,于是认为秤有问题,便换了秤称,但还是老样子,又径自回去了。)

生22:这个你都不明白,钢板应该有误差。(拿起第3组的长方形检查)你看你的这块上有个气泡,所以轻了1克。(听课老师不由得大笑。)

生23:这些钢板都是用机器切的,不会完全一样的,一定有差别,所以少1克也是正常的!

师:那好!每个小组都称一称,算一算,到底是不是3倍?

(测算结果:有四个组正好是3倍,有一个组是2.99倍,有两个组是3.01倍。)

师:尽管有的小组不是正好3倍,尽管切割有误差,但都在3左右徘徊,非常接近。如果你验证的数量越多,你就越能证实它是3倍。我们课下完全可以用数学推理来证明,的确是3倍。其实,在这个世界上,那些用工具测量的结果,都不是真正的值,都是有误差的。不过,这个小组严谨、细致的精神,是非常值得同学们学习的!

(4)三块钢板带来的改变。

师:我们现在停下来,回头想想,再往下走。现在你的想法又有了哪些改变呢?

生1:我知道了秤能称出面积,感觉好奇妙。(全班同学纷纷点头,表示认同。)

生2：我知道了这样的倍数是有前提条件的，要同厚、同材质。

生3：我现在知道了，问题解决完了，也不能停止思考，要想我还想到什么。

···········

第三个研究时段（校内课余时间自选＋交流短课）

◎ "硬时习"活动B：如何测一盘铁丝的长度

● 课余自主研究

（1）研究实物：每个小组发一盘铁丝，约2千克（操作台上同时放置了直尺、软米尺、电子秤、天平、计算器等）。

（2）要解决的问题：想知道它到底有多长，应怎么办？

第一步，把你能想到的办法先记下来。

第二步，小组汇总，形成小组意见书，把它张贴在教室的"分享园地"里，同时可以代表小组对各种意见做出点评。在实际时习中，学生的解决办法如下：

① 合作展开，用尺子量。（点评：麻烦、费时……）

② 找一个大圆柱桶，量出一圈的长度，然后缠在大桶上……（点评：麻烦、费时……）

③ 量出一圈的长度，然后数出几圈，相乘。（点评：圈有大有小不一样，多少圈你数得过来吗？不准……）

④ 边用边记。例如，每天用10米，用一次，记一次，用完了一算就完了。（点评：那要多久啊！要是现在就想知道呢？……）

⑤ 问卖铁丝的。（点评：挺好的，不知道怎么联系，自己怎么知道呢？不能总问别人吧！……）

⑥ 先剪下1米，称出它的质量是2.8克，再称整盘铁丝的质量是2024

克，$2024 \div 2.8 \approx 675$（米）。

⑦ 先剪下 10 米，称出它的质量是 31.7 克，再称整盘铁丝的质量是 2000 克，$2000 \div (31.7 \div 10) \approx 631$（米）。

（3）延迟追加问题（活动前就设计好的）。

师：第五组测得 10 米铁丝重 31.7 克，整盘铁丝重 2000 克。你可以调用哪些知识，用多少种不同方法求出这盘铁丝的长度？

学生在"分享园地"里分享如下：

① 归一 A：$2000 \div (31.7 \div 10) \approx 631$（米）；

② 归一 B：$(10 \div 31.7) \times 2000 \approx 631$（米）；

③ 倍比 A：$2000 \div 31.7 \times 10 \approx 631$（米）；

④ 倍比 B：$10 \div (31.7 \div 2000) \approx 631$（米）；

⑤ 比例 A：$2000 : x = 31.7 : 10$；

⑥ 比例 B：$x : 10 = 2000 : 31.7$；

⑦ 比例 C：$10 : x = 31.7 : 2000$；

⑧ 比例 D：$x : 2000 = 10 : 31.7$。

● 跟进短课（15—20 分钟）

（1）解决质疑：用多少剪多少，为什么要知道它的长度？

有一个小组提出一个非常尖锐的问题：生活中通常用多少剪多少，为什么要知道它的长度？

生 1：张老师是想看看卖家是不是坑人！（众大笑。）

生 2：可以规划自己使用多少，可以借给或者赠送给别人多少。

生 3：我们可以通过测算它的长度，学到一种解决类似问题的方法。要不当我们真的遇到这样的问题时，就着急了。

师：这个小组敢于质疑，值得赞赏。第三组代表更值得赞赏，看得更为长远。没错，我们可以通过它悟到解决问题的方法，增长智慧，有备无患。

（2）处理追加问题的 8 种解法中，学生还不太理解的解法。

（3）量 1 米和 10 米的差别。

教师呈现学生的两种方法。

① 1 米的铁丝重 2.8 克，整盘铁丝重 2024 克。2024÷2.8≈675（米）。

② 剪 10 米铁丝重 31.7 克，再称整盘铁丝重 2000 克，用 2000÷31.7×10≈631（米）。

教师点击铁丝卖家的网址，让学生阅读说明：

标价为 1 卷 2 公斤的价格，1 公斤约 320 米。

师：比较剪 1 米和剪 10 米铁丝的测算结果，你有什么想法？

生 1：剪得多一点儿会更接近准确结果。

生 2：只剪 1 米的误差会比较大。

师：这个秤的误差小于 5 克，所以称的东西越少，误差的比例就会越大。你以后遇到类似的问题会怎么办？

生：用多一点儿的进行测算。

第四个研究时段（校内课余时间自选）

◎ "硬时习" 活动 C：如何测一捆钱

（1）研究实物：每个小组发一捆人民币（1000 张 1 元人民币），操作台上同时放置了直尺、软米尺、电子秤、天平、计算器等。

（2）要解决的问题：要知道这一捆人民币到底是多少钱，你有多少种不同的办法？

第一步，把你能想到的办法先记下来。

第二步，小组汇总，形成小组意见书，把它张贴在教室里的 "分享园地" 里。在实际时习中，学生的解决办法集中如下：

① 先拿 1 张称一称重量，再称出一捆的重量，除一下，就可以了。（同伴点评，略。）

② 先称 50 张或 100 张的重量，再称出 1 捆的重量。（同伴点评：比较准确。）

③ 数。

④ 用点钞机数。

⑤ 用尺子量。100 元正好是 1 厘米厚，这一捆 1 元钱的厚度正好是 10 厘米，所以是 1000 元。

（3）教师在"分享园地"分享自己的感想。

师：恭喜你们，你们已经再次突破思维定式，不要让秤限制了你的思考，用尺子也可以建立很多事物之间的关系，找到新方法。了不起！

第五个研究时段（在家庭和社区中自主研究）

◎ "硬时习"活动 D：寻找多种测量工具

研究内容：秤和尺子是生活中常用的测量工具，除了它们，我们还能利用哪些测量工具建立新的关系，解决生活中的真实问题？请你课下和同伴、家长一起找一找，试一试。

学生列举如下：

① 用秤称 500 粒或 1000 粒米的重量，可以估算出一袋 10 千克的米大约有多少粒。

② 用秤和地磅算一车砖有多少块，或用尺子建立新关系——量出一车砖的长、宽、高，求出总体积，再算出一块或几块砖的体积，进行计算。

③ 做沙漏，称沙子，算时间。

④ 烧香的时候，用尺子量香的长度，算时间。

⑤ 用尺子和秤算钢管的重量或者长度。

⑥ 用质量估计和测算角度。

沿着 30 度斜面用电子秤拉住秤砣，保持自然悬挂状态，电子秤显示的重量是 0.145 千克；沿着 45 度斜面用电子秤拉住秤砣，保持自然悬挂状态，电子秤显示的重量是 0.240 千克……

学生发现：0 度到 90 度这个区间，电子秤显示的重量越重，说明斜面与地面形成的夹角的角度就越大。

第六个研究时段（校内，短课时）

◎ 项目研究活动的整体回顾和反思

（1）用图片、视频呈现本次综合时习的全过程。

（2）给这次综合时习命名，并说说你这样命名的理由。

意见 1：不一样的测算。

理由：原来求一个图形面积都是只测量这个图形自己的相关数据，用面积公式进行计算；现在知道了还可以借助秤称质量，通过质量和面积的关系计算面积，跟原来不一样了。

意见 2：找新关系。

理由：我们学习的这些新办法，都是利用秤、米尺，找比它小或者比它大的东西，建立倍数关系，用倍数关系来解决问题。

意见 3：称长度，称面积，称钱数……（理由略。）

意见 4：秤和尺子还能干什么？（理由略。）

意见 5：从不同角度看问题。（理由略。）

意见 6：不一样的思维。（理由略。）

意见 7：从 a 到 b。

理由：我们这几天解决的问题都是这样。本来要解决的是 a 事情，但却偏偏先研究 b 事情，然后看 b 和 a 有什么关系，再利用关系解决 a 事情。

师：真了不起！这种策略我们可以称为"由此及彼"。这次研究我们调用了数学上的哪些知识、技能、思想和方法？（学生反馈，略。）

【说明：教师通过"取名和调用"这两个任务，驱动学生对这次活动的数学实质进行反思、挖掘、总结和提升。】